水循環保全再生政策の動向
——利根川流域圏内における研究——

中央学院大学社会システム研究所［編集］
佐藤 寛・林 健一［著］

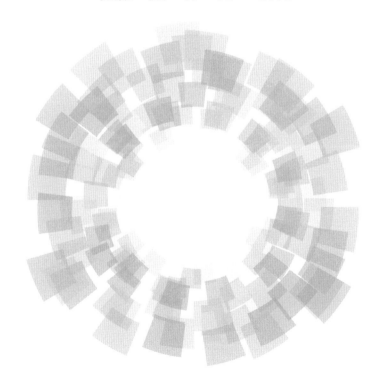

成文堂

発刊にあたり

　地上における生命の営みを支える根本は、太陽エネルギーを主因として引き起こされる継続的な水の循環による、「水」と「水によって運ばれる物質や熱の輸送」である。

　地球は「水の惑星」と呼ばれ、その表面積の約 3/4 が水に覆われている。地球上の水の総量は約 14 億 km³ といわれ、そのうち約 97% が海水などであり、淡水は 2.5% 程度しかない。この淡水の大部分は利用が困難な氷河・万年雪などの形で存在しており、私たち人間や動植物が利用できる淡水は、約 0.8% に相当する量しかない。この 0.8% の水のほとんどが地下水として存在し、河川や湖沼の淡水は約 0.01% とごくわずかである。

　淡水の循環は平均して 10 日程度といわれ、太陽エネルギーにより循環、再生される天然資源は水の他にはなく、地球上のあらゆる活動は水が根源を担っているといわれる所以である。

　この水循環と私たちの社会の関係が新たな政策課題として浮上しており、その対処策として「水循環基本法（平成二十六年法律第十六号）」が制定されたことは記憶に新しいところである。

　「水は生命の源であり、絶えず地球上を循環し、大気、土壌等の他の環境の自然的構成要素と相互に作用しながら、人を含む多様な生態系に多大な恩恵を与え続けてきた。また、水は循環する過程において、人の生活に潤いを与え、産業や文化の発展に重要な役割を果たしてきた。

　特に、我が国は、国土の多くが森林で覆われていること等により水循環の恩恵を大いに享受し、長い歴史を経て、豊かな社会と独自の文化を作り上げることができた。

　しかるに、近年、都市部への人口の集中、産業構造の変化、地球温暖化に伴う気候変動等の様々な要因が水循環に変化を生じさせ、それに伴い、渇

水、洪水、水質汚濁、生態系への影響等様々な問題が顕著となってきている。

　このような現状に鑑み、水が人類共通の財産であることを再認識し、水が健全に循環し、そのもたらす恵沢を将来にわたり享受できるよう、健全な水循環を維持し、又は回復するための施策を包括的に推進していくことが不可欠である。」

　これは水循環基本法の前文の一部であるが、水の重要性と私たち社会の直面する課題を的確に表現しているといえよう。現在、水循環をめぐっては、従来から課題とされてきた、公共用水域や地下水の水質悪化の防止はもとより、豪雨災害や浸水の頻発、水インフラの老朽化、雨水・再生水の利用拡大など、新たな課題も浮上している。

　今後、「水の憲法」と称される本法に基づき健全な水循環を維持、回復していくための対策が効果的に講じられていくことを期待したい。

　当研究所では長年「水」を研究テーマの1つとして取り組んできているが、現代日本の地域社会の現状を鑑みて「地域再生問題」の研究を基幹研究と位置づけ、水と地域再生問題の具体的課題の一つとして、基幹プロジェクト「利根川流域における地域の再生」を設定した。

　このプロジェクトは平成21年7月から平成26年3月までの約5年間取り組んできた。

　本書はその研究成果として「中央学院大学社会システム研究所紀要」に発表してきた小論をもとにしたものである。とりまとめにあたっては「水循環（系）の健全化」という概念を基軸に据えた。とりわけ、本書では利根川流域の地方自治体が行っている水循環保全再生対策の展開状況に焦点をあて、その意義と課題を解明し、改善策を提言することを試みた論考を中心に取りまとめたところである。

　いずれの論考も未完の考察にすぎないものの、地球規模で営まれる水循環（系）を健全化していくという壮大な地域政策の課題に取り組む、行政職員、住民・NPO、企業、専門家のみなさんに少しでも貢献できればこの上もない喜びである。

本書の刊行にあたっては、姉妹編となる前著『水循環健全化対策の基礎研究－計画・評価・協働』に引き続き、株式会社成文堂の専務取締役阿部成一氏、編集部の小林等氏に多大なる御協力を頂きました。この場をお借りして、心より感謝申し上げたい。

　平成27年2月

中央学院大学
社会システム研究所
所長　佐藤　寛

目　　次

発刊にあたり

序章　研究目的と本書の概観 …………………………………… *1*

第1章　群馬県における水環境保全政策の展開基盤と
　　　　その課題 ……………………………………………………… *7*

　1　はじめに ………………………………………………………… *7*
　2　群馬県における水環境の概況 ………………………………… *8*
　3　分析の視点 ……………………………………………………… *9*
　4　群馬県庁が行う地域環境保全政策の制度的枠組み ………… *11*
　　(1)　政策の基本的な枠組み ………………………………… *11*
　　(2)　政策を担う組織構造 …………………………………… *15*
　　(3)　環境関連予算の推移 …………………………………… *16*
　　(4)　特色のある取り組み …………………………………… *18*
　　(5)　地域環境保全政策の体系的整理 ……………………… *20*
　5　広域自治体の担う役割と課題 ………………………………… *21*

第2章　生活排水処理施設の整備促進に向けた
　　　　水源県ぐんまの取り組み ………………………………… *27*

　1　はじめに ………………………………………………………… *27*
　2　群馬県の水環境の現状と課題 ………………………………… *28*
　　(1)　河川の水質汚濁の流域別状況 ………………………… *28*
　　(2)　汚水処理人口普及率等の推移（H8～22年度） ……… *28*
　　(3)　汚水処理人口普及率からみた課題 …………………… *31*
　　(4)　汚水処理率からみた課題 ……………………………… *34*

(5) 普及率と処理率の差から見た課題 ………………………………… *35*
　(6) 分析結果のまとめ ……………………………………………………… *37*
3　生活排水処理施設の整備促進対策 …………………………………… *39*
　(1) 汚水処理計画の概要 …………………………………………………… *39*
　(2) 浄化槽整備促進に向けた取組み ……………………………………… *40*
　(3) 浄化槽「エコ補助金」の意義と課題 ………………………………… *42*
4　おわりに ……………………………………………………………………… *45*

第3章　水源地域保全条例の構造分析
　　　　―北海道、埼玉県、群馬県の比較を通して ……………… *49*
1　はじめに …………………………………………………………………… *49*
2　水源地域における土地取引行為規制とその課題 ……………………… *50*
3　水源地域保全条例の逐条分析による構造の解明 ……………………… *53*
　(1) 条例の目的と基本理念 ………………………………………………… *53*
　(2) 関係主体の責務 ………………………………………………………… *54*
　(3) 事前届出制度のスキーム ……………………………………………… *55*
　(4) 市町村や国との連携 …………………………………………………… *55*
　(5) 保全地域の範囲とその指定手続き …………………………………… *57*
　(6) 届出対象となる土地 …………………………………………………… *59*
　(7) 届出義務者 ……………………………………………………………… *60*
　(8) 届出が必要な土地取引行為の範囲 …………………………………… *60*
　(9) 市町村等と連携した届出手続 ………………………………………… *61*
　(10) 届出内容と届出のタイミング ………………………………………… *62*
　(11) 報告の徴収及び立入調査 ……………………………………………… *63*
　(12) 勧告・公表 ……………………………………………………………… *64*
　(13) 水資源の保全に関する基本的施策 …………………………………… *65*
　(14) 水源地域保全条例の評価と課題 ……………………………………… *66*
4　おわりに …………………………………………………………………… *68*

第4章　利根川流域圏における「森林・水源環境税」の運用状況とその課題 …… *73*

1　はじめに …… *73*
2　森林・水源環境税とは …… *74*
　(1)　導入の背景 …… *74*
　(2)　森林・水源環境税をめぐる議論の展開 …… *75*
　(3)　本稿における問題意識 …… *76*
3　利根川流域圏における制度運用状況と課題 …… *78*
　(1)　森林湖沼環境税（茨城県）の概要 …… *78*
　(2)　とちぎ元気な森づくり県民税（栃木県）の概要 …… *83*
　(3)　ぐんま緑の県民税（群馬県）の概要 …… *87*
　(4)　利根川流域圏自治体の実施状況から見た課題 …… *91*
4　おわりに …… *92*

第5章　水源県ぐんまにおける小水力発電の現状と振興策の課題 …… *95*

1　はじめに …… *95*
2　小水力発電促進の意義と普及する上での課題 …… *96*
　(1)　水力発電の意義・特色 …… *96*
　(2)　小水力発電のメリット …… *96*
　(3)　小水力普及上の課題 …… *97*
3　群馬県内における小水力発電の現状と振興策の課題 …… *98*
　(1)　群馬県の発電事業の概要 …… *98*
　(2)　水源県ぐんまのポテンシャル …… *99*
　(3)　群馬県の取組み …… *101*
　(4)　藤岡市における取組み …… *103*
　(5)　桐生市における取組み …… *105*
4　おわりに …… *106*

第6章　みなかみ町における「エコタウン構想」による
　　　　地域再生の取り組み ……………………………………… 109
　1　はじめに ………………………………………………………… 109
　2　みなかみ町の概要 ……………………………………………… 111
　　(1)　人口・世帯数とその将来見込み ………………………… 111
　　(2)　産業構造とその動向 ……………………………………… 112
　　(3)　水資源開発を中心とする地域開発の状況 ……………… 113
　3　「水と森を育むエコタウンみなかみ構想」の取り組み状況 … 116
　　(1)　構想の位置づけ …………………………………………… 116
　　(2)　エコタウン構想の概要 …………………………………… 118
　　(3)　構想の取り組み状況 ……………………………………… 119
　4　構想の特徴と課題 ……………………………………………… 124

第7章　利根川上流域の水郷「板倉町」の水場景観
　　　　保全に向けた取組み ………………………………………… 127
　1　はじめに ………………………………………………………… 127
　2　板倉町の水場景観の特徴と課題 ……………………………… 128
　　(1)　板倉町の水場景観の特徴 ………………………………… 128
　　(2)　板倉町の水場空間が当面する課題 ……………………… 130
　　(3)　「重要文化的景観」選定に向けた取り組み …………… 132
　3　水場景観保全のための政策的枠組みの概要 ………………… 134
　　(1)　風景条例・計画の概要 …………………………………… 134
　　(2)　水場景観保存計画の概要 ………………………………… 136
　4　環境政策の観点から見た今後の課題 ………………………… 142

第8章　東日本大震災による液状化被害
　　　　――千葉県我孫子市布佐東部地区を中心に ……………… 149
　1　はじめに ………………………………………………………… 149
　2　東日本大震災 …………………………………………………… 150

(1) 東日本大震災概要 ………………………………………… *150*
　(2) 液状化 …………………………………………………… *151*
 3　我孫子市布佐東部地区の液状化被害 ………………… *153*
 4　我孫子市の復旧・復興への対応 ………………………… *156*
　(1) 復旧・復興の経緯 ……………………………………… *160*
　(2) 復旧・復興に向けての課題 …………………………… *160*
 5　おわりに ……………………………………………………… *164*

あとがき　*167*
参考文献・資料　*170*

序章　研究目的と本書の概観

　利根川は、群馬県最北端の大水上山（1840m）を水源とし、関東平野を流下し、銚子市と神栖市の境から太平洋にそそいでいる。幹川の流路延長は322km あり、水源から河口までの支川を含めた流路延長は約 6,700km になる、我が国最大の河川である。同川は、日本一の流域面積（16,840km^2）を誇るとともに、流域内には東京都、群馬県、千葉県、茨城県、栃木県、埼玉県の 1 都 5 県があり、日本の総人口の約 1/10（約 1279 万人：平成 17 年）もの人々が暮らしており、流域の人口の多くは、利根川中流部及び江戸川に集中しており、東京のベッドタウン等として発展している。

　「水」は生命の源であるとともに、産業、生活に欠かせないものであるが、大量の水を必要とする下流部に首都圏を抱える利根川水系では、水需要が逼迫し続けており、河川に多くの水が流れているときだけ取水可能な「不安定取水」によってまかなわれている。また 2～3 年に 1 回渇水が発生している現状にある。

　最近の例では、平成 24（2012）年の夏には、同年 7 月末からの少雨の影響を受け、首都圏の水がめの役割を果たす「利根川上流ダム群」の貯水量は、著しく低下し、流域の 1 都 6 県において、10％ の取水制限措置が 11 年ぶりにとられた。流域都県の上水道は、利根川への依存度が 6 割を超えているといわれており、渇水や河川等の水位低下の影響が利根川・渡良瀬川流域内の各方面に広がりを見せたことは記憶に新しいところである[1]。幸い、9 月 11 日から開始した取水制限は、9 月 24 日に緩和され、10 月 3 日には全面解除されたが、私たちの社会に対し、水の効率的な利用、水利用の安定性や持続可能性の確保という課題が改めて提起された形となった。

こうした渇水にとどまらず、地域の水環境は、都市への人口や産業の集中、都市的地域の拡大、産業構造の変化、過疎化・高齢化の進行、近年の気象変化等を背景に、平時の河川流量の減少、地下水位の低下や湧水の枯渇、水質汚濁の進行、水辺空間の減少、不浸透面積の増大による都市型水害の発生など、危機的状況に直面している（国土交通省（2011, p.137））。
　これらの問題は「水循環の健全性」が損なわれていることに起因しているといわれ、流域全体を視野に入れた水循環の健全化への早急な対応が喫緊の課題となっている。
　健全な水循環系の構築という政策課題については、長年懸案とされてきた「水循環基本法」が平成26（2014）年4月2日に公布され、同年7月1日から施行されたばかりであるが、同法に基づき、健全な水循環の保全回復に向けた着実な取組みを期待したい。
　さて、同法第2条によれば、「水の循環」とは「水が蒸発、降下、流下または浸透により、海域等に至る過程で、地表水または地下水として河川の流域を中心に循環すること」とし、「健全な水循環」とは「人の活動及び環境保全に果たす水の機能が適切に保たれた状態での水循環」と定義している。
　こうした水文循環と人工の水循環系（水道、下水道、農業用水路等）が一体となった、水の循環システムの「健全な状態」や「適切なバランス」とは、どの様な状態を指すのであろうか。また、こうした望ましい状態を実現するためにはどの様な対策をとるべきであろうか。
　「健全な水循環」の定義は、こうした疑問について直接的な答えを用意していない。むしろ、この概念は、様々な水問題を解決していくための方向性を啓蒙する政策理念であり、かつ、その手法として、「流域」単位での総合的な取り組みが必要であることを示す政策目標の一種ともいえるのである。
　また、水の循環は、太陽からの熱エネルギーを吸収して蒸発し、水蒸気となった海面や陸上の水が、対流圏上空まで上昇し、凝結して雲になり、降水（雨）として、再び地表に戻り、その降水が土壌等に保持もしくは地下水、地表水として流下して海域等へ流入し、大気中に蒸発して再び降水になる一

連の過程をいうが、こうした地球規模での水循環の健全化を地域政策としてどのように展開していくべきであろうか。

これまで水循環に関する施策や方策については、各流域において地方自治体を中心に試行錯誤が続けられている段階にあると認識され（国土交通省 2011, p.138 他）、水循環系の健全化という政策課題に対する自治体の対応状況は、課題の位置づけなどについて「ゆらぎ」がみられ、対策の実効性が懸念されるところである。

以上の問題認識に基づき、本書においては、首都圏の水源として重要な役割を果たす利根川を検討素材とし、特に、水循環系の健全化に向けた、利根川上流域[2]の地方自治体における取組み（水循環保全再生対策[3]）の展開状況を把握し、課題の解明とその改善策を提言しようとするものである。

検討にあたっての基本的視点を述べていくと、水循環の健全化という課題に取り組むためには、流域の水循環機構や環境状態を水文学的な観点から解明していくことに加え、流域内の関係主体（stakeholder）の臨床的な視点から現状分析が行われ、目標とする健全な状態（将来像）と、その実現に必要な対策や各主体の役割分担について検討していく必要があると考えている。

政策目標の具体化や対策の立案にあたっては、各主体間の情報共有、合意形成などの民主主義的プロセスと政策形成・実施・評価過程の統合など、政策科学的な観点から検討が必要である。

本書は、こうした視点から取り組まれた、中央学院大学社会システム研究所基幹プロジェクト「利根川流域における地域再生」の研究成果の一部を活用するものであるが、佐藤・林による前著『水循環健全化対策の基礎研究－計画・評価・協働』（成文堂）においては、地方自治体が水循環保全再生に取り組む上での基盤となっている行政計画（環境基本計画・水循環基本計画）の管理・評価のあり方に焦点をあて、計画の管理・評価や関係主体のコミュニケーションツールとなる「環境指標」のあり方について検討を加えた他、水循環の保全再生に向けた関係主体の対話と協働のあり方について検討を行ってきた。

姉妹編となる本書では、主に、利根川上流域の地方自治体が行う水循環保全再生への取り組みについて実証的分析を加えていくものである。各章の概要は次のとおりである。

　第1章「群馬県における水環境保全政策の展開基盤とその課題」は、群馬県の組織、予算、法制度など、政策構造や制度の実体（政策の基本目標や理念、活動主体、活動対象、活動手段）を中心に観察を加え、体系的な整理を行い、環境基本条例（計画）における関係主体の役割の見直し（再定位）の必要性や、広域的自治体の担うべき役割を検討している。第2章「生活排水処理施設の整備促進に向けた水源県ぐんまの取り組み」は、群馬県の河川の水質汚濁の現状、汚水処理人口普及率、汚水処理率の内実を分析し、首都圏の水源県の生活排水処理が直面している課題を明らかにし、今後の生活排水処理施設の整備のあり方について考察している。第3章「水源地域保全条例の構造分析－北海道、埼玉県、群馬県の比較を通して」は、北海道、埼玉県、群馬県が先駆的に開始した、水源地周辺の土地所有の実態把握などによる、水源地域保全の取り組みの基本的な枠組みとなる「水源地保全条例」の条文や手続構造の分析を行い、各条例の特徴や課題について検討している。第4章「利根川流域圏における「森林・水源環境税」の運用状況とその課題」は、利根川流域圏の自治体が（茨城県、栃木県、群馬県）運用する森林・水源環境税を事例として、各県の制度概要を整理し、同税を活用した事業の評価システムの運用状況や、公表されている事業の実施成果について分析を加え、望ましい評価システムのあり方について考察している。第5章「水源県ぐんまにおける小水力発電の現状と振興策の課題」では、多くの水力発電所を有する群馬県内における小水力発電を取り巻く状況及び、その普及促進の基盤となる「地域新エネルギービジョン」について概観を加え、地域産業政策の観点から、今後の課題を探っている。

　第6章から第8章は基礎的自治体における取組みに焦点をあてている。第6章「みなかみ町における「エコタウン構想」による地域再生の取り組み」では、第7章「利根川上流域の水郷「板倉町」の水場景観保全に向けた取組

み」では、板倉町の水場景観の保存・活用による地域再生をケーススタディとして取り上げ、町の策定する風景条例、風景計画、水場景観保存計画など、水場景観保全に向けた政策的枠組みの概要を紹介し、その課題について分析している。第8章「東日本大震災による液状化被害－千葉県我孫子市布佐東部地区を中心に」では地域の水環境を考えるうえでの新たな課題となる「液状化現象」による被害に焦点をあて、東日本大震災で多大なる被害を受けた、千葉県我孫子市布佐東部地区の被害状況と、復旧・復興に向けた我孫子市役所の取り組みを分析している。

1) 群馬県内を中心とする具体的な影響の広がりについては、上毛新聞・日本経済新聞（北関東版）・読売新聞（群馬版）の各記事（平成24（2012）年9月15日）、に詳しく報道されている。
2) 利根川における上流・中流・下流の区分については、概ね上流：水源の大水上山から群馬県伊勢崎市八斗島まで、中流：伊勢崎市八斗島から千葉県野田市関宿の江戸川分流点まで下流：江戸川分流点から河口までと区分されるが、本書では群馬県及び同県内市町村の取り組みを中心に分析を加えていく。
3) 本書では、行政活動（政策・施策・事業）及び住民、NPO、企業・事業者等、行政機関以外の関係主体が行う取組み（環境配慮行動）を「対策」という用語で総称する。

第1章　群馬県における水環境保全政策の展開基盤とその課題

1　はじめに

　群馬県は、東西約96km、南北約11km、総面積約6,363km^{2}で、本州のほぼ中央に位置している。森林面積が県土の約67%を占め、海抜12m余から2,500m超までの変化に富んだ地形の中に多くの河川や湖沼が点在している[1]。

　群馬県内の河川は、99%が利根川水系であるが、利根川は、県北部にある大水上山の雪渓をその源とし、県内上流部では赤谷川、片品川を合流し、赤城山、榛名山の間を南下し、中流部では吾妻川、烏川を合流して埼玉県境に流れ、関東平野を流下し、県東部を流れる渡良瀬川と茨城県古河市で合流し、千葉県銚子市で太平洋に注いでいる。「上毛かるた」[2]において、利根川は「利根は坂東一の川」と詠われて県民に親しまれてきている。また、「理想の電化に電源群馬」と詠われているように、群馬県には矢木沢ダムをはじめとする奥利根地域のダム群など、多数のダムが存在し、利根川流域の1都5県（東京都、群馬県、埼玉県、栃木県、茨城県、千葉県）の人々の生活や産業経済の発展を支えてきており、水源県として重要な位置を占めている。

　本章では、群馬県の環境保全政策を事例とし、組織、予算、法制度など、政策構造や制度の実体を中心に観察を加え、政策の基本目標や理念、活動主体、活動対象、活動手段について体系的な整理を行っていく。

　また、環境基本条例における関係主体の役割の見直し（再定位）の必要性や、協働の「場」のあり方について議論し、広域的自治体の役割の検討をし

ていくことにより、利根川上流域における水環境・資源問題を解明し、水循環の保全と再生（健全化）を図るための取り組み─「水循環保全再生政策」を考究していくための準備作業を行うものとする。

2　群馬県における水環境の概況

　水質汚濁防止法により、都道府県知事は公共用水域の水質汚濁の状況を監視することになっているが、河川を中心に地域の水環境の現状を見ていくと、環境基準の類型が指定されている21河川・38水域における40地点において生活環境の保全に関する項目を評価している[3]。

　表1により、河川の汚濁の程度を示す代表的指標であるBODについて、その達成率を経年的に見ると、平成11（1999）年度以前の50%～60%に比べ、平成12（2000）年度以降は改善傾向にあるものの横ばいの状態が続いていたが、平成20（2008）年度は87.5%（35／40地点）で環境基準を達成している結果となっている。

表1　河川の年度別環境基準達成率（BOD75％値）

	平成10	11	12	13	14	15	16	17	18	19	20
群馬県	60.0%	55.0	72.5	72.5	72.5	72.5	72.5	70.0	72.5	70.0	87.5
全国	81.0%	81.5	82.4	81.5	85.1	87.4	89.8	87.2	91.2	90.0	─

出典）群馬県（2009b, p.28）

　しかし、人の健康保護に関する項目では、木曽川、橘川（渋川市で利根川に合流）の2地点が「硝酸性窒素及び亜硝酸性窒素」の環境基準を超過している（基準10mg/lに対して、最大量14mg/l、平均12～13mg/l）状態が続いている。

　利根川本流の状況についてみておくと、表2のとおり、下流になるにつれてBOD値は高くなるが、総じて1mg/l台となっており良好な水質を維持している。

　利根川自体はBOD値を見る限り良好な状況を維持しているが、表3のと

表2 利根川本川の水質測定結果

測定地点		類型	BOD環境基準値	BOD75%値（mg/l）	基準達成状況
広瀬橋	上流	AA	1mg/l以下	＜0.5	○
月夜野橋		A	2mg/l以下	＜0.5	○
大正橋		A	2mg/l以下	＜0.5	○
群馬大橋		A	2mg/l以下	0.8	○
福島橋		A	2mg/l以下	0.8	○
板東大橋	↓	A	2mg/l以下	0.7	○
利根大堰	下流	A	2mg/l以下	0.9	○

出典）群馬県（2009b, p.40）部分抜粋、一部加筆した

表3 県内河川ワーストランキング（BOD75%値の比較）

ランク	川名（地点名）	16年度	川名（地点名）	17年度	川名（地点名）	18年度	川名（地点名）	19年度	川名（地点名）	20年度
1	鶴生田川（岩田橋）	11.0	鶴生田川（岩田橋）	14.0	休泊川（泉大橋）	10.0	鶴生田川（岩田橋）	10.0	鶴生田川（岩田橋）	9.6
2	休泊川（泉大橋）	9.0	休泊川（泉大橋）	9.5	谷田川（合の川橋）	8.4	谷田川（合の川橋）	7.1	谷田川（合の川橋）	5.7
3	井野川（浜井橋）	8.1	谷田川（合の川橋）	8.1	鶴生田川（岩田橋）	8.2	休泊川（泉大橋）	6.9	荒砥川（奥原橋）	4.9
4	荒砥川（奥原橋）	5.2	早川（前島橋）	8.1	井野川（浜井橋）	5.3	広瀬川（中島橋）	6.2	粕川（保泉橋）	2.9
5	谷田川（合の川橋）	5.2	荒砥川（奥原橋）	6.4	石田川（大川合流前）	5.1	石田川（大川合流前）	5.6	早川（早川橋）	2.3
6	早川（前島橋）	4.9	井野川（浜井橋）	6.2	早川（前島橋）	5.0	荒砥川（奥原橋）	5.5		
7	石田川（大川合流前）	4.1	粕川（保泉橋）	5.2	荒砥川（奥原橋）	4.0	井野川（浜井橋）	5.0		
8	粕川（保泉橋）	3.9	石田川（大川合流前）	4.5	石田川（古利根橋）	4.0	粕川（保泉橋）	4.1		
9	広瀬川（中島橋）	3.8	広瀬川（中島橋）	3.6	粕川（保泉橋）	3.8	早川（前島橋）	3.8		
10	鏑川（鏑川橋）	3.2	早川（早川橋）	3.5	広瀬川（中島橋）	3.2	鏑川（鏑川橋）	3.0		
11	早川（早川橋）	2.7	石田川（古利根橋）	2.9	鏑川（鏑川橋）	2.3	早川（早川橋）	2.7		
12			鏑川（鏑川橋）	2.8			石田川（大川合流前）	2.5		

出典）「環境白書」（平成17年度～21年度版）により著者作成

おり、県東南部における利根川中流の支川（荒砥川、粕川、早川）と渡良瀬川下流の支川（鶴生田川、谷田川）においては環境基準を満たしていない河川が存在しており、この傾向は変化がない状況にある。

3 分析の視点

　地方自治法第2条第5項によれば、都道府県は広域的自治体として、広域的機能、連絡調整機能、市町村の補完的機能を果たすことが、その役割として規定されている。都道府県においては、公害の監視や規制基準の設定、産

業廃棄物行政、河川や森林の保全管理等をこれまで担ってきた。

しかし、市町村合併の進展に伴い、地方分権の観点からそのあり方が問われているとともに、広く国家や政府の「ガバナンス」のあり方自体についても議論がなされている中で、広域的自治体は、地域環境の保全・再生においていかなる役割を担うべきであろうか。

宮川・山本（2002, pp.4-10）によれば、「ガバナンス」改革が求められる背景には、社会における多様性、複雑性及び動態性の増大により、統治の困難性が増し、こうした社会的な変化に対して伝統的な統治方法に頼る統治主体の適応能力が問われ、社会の目標設定、舵取り、調整のあり方について再考の必要性が指摘されている。そこでは、伝統的な国家、政府中心の上下関係で考えるガバナンスは、水平的及び垂直的に拡散した形のガバナンス、つまり、一方的な統治・被統治の関係から社会への相互作用への変化が求められている。

また、「環境ガバナンス論」によれば、現代の環境問題は、地球温暖化問題、有害化学物質汚染、資源リサイクル問題などに代表されるように、その科学的メカニズム、関連分野、空間スケール、関係主体とも複雑化・多様化している。こうした課題の解決には、多様な主体と関連施策の連携が必要であるとの認識から、「上（政府）からの統治と下（市民社会）からの自治を統合し、持続可能な社会の構築に向け、関係する主体がその多様性と多元性を生かしながら積極的に関与し、問題解決を図るプロセス」、つまりガバナンス型問題解決が求められているのである（松下・大野, 2007, p.4）。

本稿では、広域自治体（都道府県）が水環境（循環）の保全・再生に果たす役割を考察していく上で、これらのガバナンス論をよりどころとし、a. 住民、事業者、NPOなどの諸組織との関係（水平的な役割分担）、b. 国、国際機関、他の地方公共団体との関係（垂直的な役割分担）、c. 各主体の多様性と多元性を生かした問題解決を図るプロセスの3つを念頭に置き、分析を進めていくものとする。

4 群馬県庁が行う地域環境保全政策の制度的枠組み

(1) 政策の基本的な枠組み

　まず、群馬県の地域環境保全行政の基本目標や理念、活動主体、活動対象、活動手段など、政策の構造、制度の実体について把握するため、環境基本条例、生活環境保全条例、自然環境保全条例について分析していく。

①環境基本条例の特徴と各主体の役割

　「群馬県環境基本条例（平成8年10月21日条例第36号）」（以下「環境基本条例」という。）は、良好な環境の保全及び創造をはかり、うるおいとやすらぎに満ちた群馬を築くための総合的かつ計画的な施策を実施する法的枠組みと位置づけられており、その体系は表4のとおりである。

　条例における各主体の役割を見ていくと、事業者は、原因者としての公害防止や自然環境の保全責任、拡大生産者責任、環境負荷低減責任などの責務を負うこととされ（第6条）、県民は日常生活での環境負荷を低減する役割（第7条）が期待されている。また、両者とも「県が実施する施策に協力する責務を有する」とされ、施策への協力者としての役割が定められている（第6条第4項、第7条第2項）。

　これに対し、県は、良好な環境の保全及び創造に関する基本的かつ総合的な施策の策定、実施に加え、市町村の実施する施策の支援がその役割として規定されている（第4条）。より具体的に見ると、第9条において、a.環境に責任を持つ人づくりを行うこと、b.自然と共生できる地域づくりを行うこと、c.環境に負荷の少ない循環型社会作りを行うこと、d.行政、事業者及び県民の役割分担と参加のための仕組みづくりを行うことを政策の基本的方向としており、こうした政策課題への対応がその役割となる。

　また、施策の総合的かつ計画的な推進を図るため、「群馬県環境基本計画」を定めることとされている。この計画は、群馬県における環境保全に関する各種計画や施策に対する上位計画として位置づけられており、現行の計画は

表4 環境基本条例及び環境基本計画の体系

環境基本条例	環境基本計画
前文 第1章 総則 　第1条　目的、第2条　定義 　第3条　基本理念 　第4条　県の責務（第5条　削除） 　第6条　事業者の責務 　第7条　県民の責務 　第8条　年次報告等 第2章　良好な環境の保全及び創造に関する基本的施策 　第9条　施策の策定等にかかる指針 　第10条　環境基本計画 　第11条　県の施策と環境基本計画の整合 　第12条　環境影響評価の推進 　第13条　環境保全上の支障を防止するための規制 　第14条　環境保全上の支障を防止するための経済的措置 　第15条　公共的施設の整備その他の事業の推進 　第16条　資源の循環的な利用等の促進 　第17条　快適環境の創造等 　第18条　環境教育及び環境学習 　第19条　自発的活動を促進するための措置 　第20条　情報の提供 　第21条　調査研究の推進 　第22条　監視等の体制の整備 　第23条　環境管理及び環境監査の普及 　第24条　県の率先実行 第3章　地球環境保全の推進（第25条） 第4章　良好な環境の保全及び創造を図るための推進体制等 　第26条　推進体制の整備 　第27条　国及び他の地方公共団体との協力 　第28条　財政上の措置	1　自然環境の保全と創造 　―身近な自然を守り、育みましょう 　①森林環境の保全と適正利用 　②身近な自然の保全と再生 　③多様な生物の生息環境の確保 　④自然とのふれあいの推進 2　生活環境の保全と創造 　―身の回りの環境を大切にしましょう 　①水環境、土壌・地盤環境の保全 　②大気環境の保全、騒音・振動・悪臭の防止 　③有害化学物質による環境リスクの低減 　④快適な生活環境の創造 3　持続的な循環型社会づくり 　―「もったいない」と思う気持ちを大切にしましょう 　①廃棄物の発生抑制 　②リユース、リサイクルの推進 　③廃棄物の適正処理の推進と不法投棄の防止 4　地球温暖化の防止 　―温室効果ガスを減らしましょう 　①二酸化炭素の排出削減 　②二酸化炭素の吸収源の確保 　③フロンによる温暖化・オゾン層破壊の対策 5　すべての主体が参加する環境保全の取り組み 　―日頃から環境のことを考え、できることから始めましょう 　①環境教育・環境学習の推進による環境倫理の向上 　②自主的取組と協働の促進

出典）「環境基本条例」及び「環境基本計画」により、著者作成

「群馬県環境基本計画2006-2015」である。これは、環境基本条例第10条により策定され、同条例第11条により、環境保全に関する各種計画や施策は、本計画に基づいて策定、実施されるとともに、環境に影響を及ぼすと認められる施策の策定、実施に当たっては、本計画との整合を図ることが求められている。

　計画の体系は表4のとおりであるが、計画の進行管理についてみていくと、5つの施策展開の方向毎に進捗点検が毎年度実施され公表されている。評価対象施策数は135事業あり、a.各事業に関しての現状認識、事業内容、

事業実績、課題、今後の方向、b. 事業評価（事業の必要性、貢献度、成果・活動指標の傾向・施策の手法・効率性の4区分に係る自己評価）c. 環境の状態、環境への負荷、行政施策を表す各指標、関連データの推移について、各事業課が進捗点検票を作成することにより実施している。

この他に、県の環境の現状や課題、環境保全に向けた取り組みをまとめたものとして「環境白書」が毎年度刊行されている。

②生活環境保全条例の特徴と各主体の役割

「群馬県の生活環境を保全する条例（平成12年3月23日条例第50号）」（以下「生活環境保全条例」という。）は、生活排水による水質汚濁や自動車排ガス等による大気汚染など、産業公害から都市生活型へと環境問題が変質してきたことや、廃棄物などの適正処理や資源の循環的利用、さらには地球温暖化など地球的規模での環境問題への対応が迫られる中で、群馬県公害防止条例及び群馬県空き缶等飲料容器の散乱防止に関する条例を一新し、生活環境保全に広範に取り組んでいくための条例として制定されている[4]。

本条例の目的は、生活環境保全のための規制措置、環境への負荷低減を図るための措置を定め、現在及び将来の県民の健康を保護し、生活環境を保全することと規定されている（第1条）。

この目的を達成するため、典型7公害や屋外における燃焼行為を規制対象とし、その規制基準、公害発生施設の届出、基準違反者への制裁、監視、測定義務、公害防止計画の策定などを定める他、都市生活型環境問題や地球環境問題に対応するため、生活排水対策、地球環境保全（地球温暖化対策・酸性雨の防止対策）、自動車排ガス対策、資源の循環的な利用、化学物質の適正管理に関する基本方針や各主体の責務を定めている。また、「規制基準のない生活環境保全上の支障」についても県が対応可能となるよう規定整備がなされている（第92条から第96条）。

条例の定める県の役割について整理すると、表5のとおりであるが、環境基準の設定、生活環境の保全等に必要な規制措置を実施する役割などが定められており、生活環境保全の中心的な役割を担うことが期待されている。

これに対し、事業者は、資源の循環的利用の促進を例に見ると、製品の耐久性向上、繰り返し使用可能な容器包装の開発、容器包装の過剰な使用の抑制、回収等についての責務が定められており（第116条）、消費者（県民及び事業者）には、再生資源の利用促進活動への参加、再生資源等を使用した製品の使用、選択に努めることが規定されている（第117条）。

表5　生活環境保全条例における県の役割

①環境基準の設定（第4条） ②必要な規制措置の実施（第5条） ③生活環境保全に資する事業の推進（第6条） ④生活環境保全に資する知識の普及（第10条） ⑤身近な自然環境の保護（第12条） ⑥事業者に対する援助（第13条） ⑦監視等の体制整備、調査の実施、試験研究機関の整備（第7条〜第9条）

出典）著者作成

③自然環境保全条例の特徴と各主体の役割

「群馬県自然環境保全条例（昭和48年7月10日条例第24号）」（以下「自然環境保全条例」という。）は、「自然環境を保全すべき地域の指定、自然環境の適正な保全を総合的に推進することにより、広く県民が自然環境の恵沢を享受するとともに、将来の県民にこれを享受できるようにし、もって現在及び将来の県民の健康で文化的な生活確保に寄与すること」を目的とする条例である（第1条）。

この目的を達成するため、本条例は、自然環境の保全が必要な区域を県自然環境保全地域又は緑地環境保全地域として指定し、開発（制限）行為の許可・届出、工事中止命令、原状回復命令などを定めている。条例の定める県の役割について整理すると、表6のとおりであり、県内における自然環境の保全を図るための基本方針の策定、規制区域（保全区域）の設定、保全計画の策定、保全事業の実施などの役割が定められており、自然環境保全法の原生自然環境保全地域及び自然環境保全地域や、自然公園法の自然公園区域を除くエリアにおける管理、保全に関する権限全般を担っている。

一方、県以外の主体の役割であるが、②及び③の保全地域の指定、保全計画の決定手続において、関係市町村長、関係行政機関の長、審議会の意見を聴取すること（第12条第3項）や、区域に係る住民及び利害関係人には、2週間の計画縦覧期間中における意見書の提出が可能とされている（同条第5項）のみであり、その役割はきわめて限定的である。

表6　自然環境保全条例における県の役割

①県自然環境保全基本方針の策定（第11条）
②県自然環境保全地域の指定（第12条）保全計画の策定（第13条）保全事業の実施（第14条）
③緑地環境保全地域の指定（第21条）保全計画の策定（第22条）保全事業の実施（第23条）
④地域内における制限行為の許可、中止命令、報告検査
⑤地域の指定、保全計画の決定、保全事業の実施に関する実地調査（32条）

出典）著者作成

(2) 政策を担う組織構造

次に、環境保全政策を支える組織的構造についてみていくことにする。組織は、それぞれの機能を特化させる（分業化）ことで、外部環境に対処しており、組織目的を達成させるための意識的調整の手段を有しているといわれる（沼上, 2004, pp.16-17）が、群馬県庁における環境政策は組織構造的にどのように捉えられているのであろうか。

ここでは、生活環境や自然環境を構成する重要な要素である水の循環を念頭に、関係する組織を分類整理したものが、資料1（章末掲載）である[5]。

具体的には、水資源開発政策の領域においては、土地水対策室において水行政の総合調整、水資源開発対策、流域連携が担われており、水特法に基づく水源地対策は特定ダム対策課が、河川整備の他、河川浄化対策など治水分野は河川課が所管している。

典型7公害（大気、水質、土壌、騒音、振動、地盤沈下、悪臭）関連の監視、規制をはじめとする生活環境の保全や、治山対策、森林の保全整備をはじめとする生活環境の保全を「環境森林部」において所管している。

群馬県の特徴の1つとして、このように生活環境、自然環境の保全に関する政策を一元的に行っている点があげられる。これは、全国的に見ても数少ない組織的対応であり、平成16年（2004）度からこうした組織編成がなされているが、同種の形態を取るのは、三重県、静岡県、栃木県、宮崎県のみである。

また、もう1つの特徴として、流域下水、公共下水、農村集落排水、浄化槽整備事業などの排水管理が下水環境課において行われ、各排水関係の整備計画の円滑な調整がなされるよう編成されている点が挙げられる。

以上のとおり、水資源の管理・開発、環境保全のための管理規制、水資源の利用、排水管理に加え、生活環境や自然環境の保全、整備や、環境教育・学習などの課題に対応すべく環境森林部を中心に組織的編成がなされているが、予算編成における財政担当課の果たす役割とは異なり、全体として多数の部、課が緩やかに統合されている。

(3) 環境関連予算の推移

次に、環境関連予算（当初予算ベース）の推移についてみていくと、表7のとおり、391億円から354億円規模で推移してきており、県財政の厳しい状況を反映し、他の政策分野と同様に減少傾向で推移してきている。

「環境基本計画」の施策体系の柱ごとに増減の内訳を簡単に見ていくと、「地球の温暖化防止」関連予算は、バイパスや橋梁整備など交通容量の拡大による渋滞の解消対策や、信号機の高度化（LED化）とITSの推進事業が増額されているため、大幅な増加を示している。

「自然環境の保全と創造」については、治山事業や保安林整備の事業費（森林環境の保全と適正利用）が増加しているものの、河川改修事業など「身近な自然の保全と再生」が減少しているため、横ばい傾向で推移しており、「持続的な循環型社会づくり」についてもほぼ同額で推移している。

これらに対し、「生活環境の保全と創造」については、流域下水道建設事業、工業用水建設事業、農業集落排水事業の事業費（水環境、土壌・地盤環境保

表7 環境関連予算の推移（単位：億円）

環境基本計画の施策体系		19年度	20年度	21年度
自然環境の保全と創造		127.1	129.0	128.5
	森林環境の保全と適正利用	78.3	79.2	82.1
	身近な自然の保全と再生	29.5	29.8	27.7
	多様な生物の生息環境の確保	1.7	2.6	2.5
	自然とのふれあいの推進	17.5	17.5	16.3
生活環境の保全と創造		181.2	150.0	141.2
	水環境、土壌・地盤環境保全	166.6	136.3	130.9
	大気環境保全、騒音・振動・悪臭防止	2.6	6.2	2.4
	有害化学物質による環境リスク低減	0.1	0.1	0.0
	快適な生活環境の創造	11.9	7.2	7.9
	特定地域の公害防止対策	0.0	0.2	0.1
持続可能な循環型社会づくり		3.7	3.5	3.7
	廃棄物の発生抑制	0.0	0.0	0.1
	リユース、リサイクルの推進	0.1	0.0	0.1
	廃棄物の適正処理の推進	3.6	3.4	3.5
地球温暖化防止		34.5	40.7	78.8
	二酸化炭素の排出削減	34.2	40.5	78.6
	二酸化炭素の吸収源の確保	0.2	0.1	0.1
	フロンによる温暖化・オゾン層破壊対策	0.0	0.0	0.0
	新エネルギーの活用	0.1	0.1	0.1
すべての主体が参加する環境保全の取り組み		44.6	31.5	23.3
	環境教育・環境学習の推進	0.3	0.2	0.2
	自主的取組と協働の促進	44.3	31.2	23.0
	総合的な環境対策の推進	0.1	0.0	0.0
総　計		391.1	354.7	375.5

注）単位未満の四捨五入の関係で合計が一致しない箇所や予算額が0になっている箇所がある
出典）「環境白書」（平成19～21年度版）により著者作成

全）が減少し、「すべての主体が参加する環境保全の取り組み」については、「自主的取組と協働の促進」に分類される、河川・道路等クリーン大作戦事業が新規事業として実施されているが、環境生活保全創造資金などの貸付原資が大幅に減額されているため、予算規模が縮小している。

(4) 特色のある取り組み

次に、若干ではあるが群馬県における特色のある環境保全・再生の取組みを紹介していく。

①有機リン系農薬の空中散布の自粛要請[6]

現在、有機リン系農薬の空中散布を規制する法的根拠はないが、無人ヘリコプターによる空中散布においては、地上散布と比較して、高濃度の農薬（通常1,000倍程度に希釈して散布するところ、8倍程度で散布）を散布するため、農薬成分がガス化しやすく、呼吸により直接体内に取り込まれるため、農薬を経口摂取する場合に比べ、影響が強く出る能性が指摘され、最近の研究などで慢性毒性の危険性や子供に及ぼす影響等が指摘されている。

このため、代替薬剤の使用が可能であることや、速やかに対応すべき問題であるとの判断などから、群馬県では、平成18（2006）年6月に、関係団体に対し、無人ヘリコプターによる有機リン系農薬の空中散布の自粛を要請している。その結果、平成17（2005）年度において5市町村、1,139ha実施されていた空中散布は、平成18（2006）年度以降実施されていない。

②尾瀬高校自然環境科における人材育成

群馬県では、同県が行ってきた高校教育改革の一環として、平成8（1996）年4月、群馬県立武尊高校を群馬県立尾瀬高校に改称し、全国に先駆けて自然環境科（自然環境コース、環境科学コース）を設置している（群馬県, 2005, p.1348）。

同校は、「本県における環境教育推進の中核的役割を担う学校」と位置づけられ[7]、「環境と共生を図ることのできる人づくり」を目標としている。また、教育理念として[8]、多様な自然観察や環境調査を通して、様々な課題を発見し解決する能力を身につけること、自然観察やキャンプなどの自然体験活動の実践を通して、豊かな感受性を磨くとともに、「自然とのふれあい」を啓発するためコミュニケーション能力を高める、卒業後もライフワークの一部として「自然とのふれあい」を啓発する活動を続けて、自然環境（地球環境）の状態をできるだけ多くの人に正確に伝えられる人になることを掲げている。

こうした教育目標や教育理念を受けて、地域の自然を活かした体験型の環境教育に取り組むことに重点を置き、尾瀬国立公園、日光国立公園、上州武尊山、片品渓谷をフィールドとして実践的な環境教育に取り組んでいる。また、「理科部」を中心とする課外活動が盛んであり、体験的な探究活動を通した理科研究の分野において顕著な成果をあげており、「群馬県理科研究発表会」では、平成11 (1999) 年からの9年間で、最優秀賞を10作品が受賞し、「日本学生科学賞群馬県審査」においても平成18 (2006)、19 (2007) 年の2年連続で最優秀賞を受賞し、全国審査に進出している。また、「自然観察会」「自然環境調査」「自然体験イベント」「環境保全活動」などに対して、群馬県環境賞、群馬県環境教育賞、全国緑化コンクールをはじめとした環境関連の多くの表彰を受けている。

さらに、平成12 (2000) 年に「自然環境科卒業生の会 (G-NEC)」が結成され、地域住民対象に自然遊び、畑づくり、伝統文化などの体験活動 (G-NECネイチャークラブ) を毎月実施している他、自然観察会や自然環境調査、地域の住民を対象とした「学校開放講座」等にも活躍している。

③地域資源を活かした広域的な環境教育の取組み～群馬の子どもたちを一度は尾瀬に～

尾瀬は、我が国を代表する美しい自然の風景地であり、貴重な生態系が保たれている自然の宝庫であることから、国立公園の特別保護区、国の特別天然記念物に指定されている他、ラムサール条約湿地にも登録されている。また、利用の分散化やマイカー規制、荒廃した湿地の植生復元など自然保護の原点とも称されている。

群馬県では、県内のこどもたちが一度は尾瀬を訪れることが出来るよう、ガイドを伴った少人数のグループにより、尾瀬のすばらしい自然を体験し、尾瀬を守る様々な取り組みを学ぶ機会を提供する「尾瀬学校」を平成20 (2008) 年度から実施している。実施に当たっては、県がガイド料、バス代を補助しているが、ガイドが学校に出向いて尾瀬についての基礎的な知識を学ぶ事前学習からスタートし、現地での自然学習、学校での事後学習が行われ

ている。

　平成20（2008）年度は小中学校合わせて108校、8,145人が参加し、平成21（2009）年度は136校、10,450人が参加を予定しているが、アンケート結果によれば、参加者の63.8%が「自然保護や環境問題に興味を持った」と回答しており（群馬県,2009b,p.3）、環境教育として一定の成果が期待される。

　しかし、「1日当たり約200人が入山することになり、推奨してきた分散利用に反し、破壊の歴史を繰り返さないためにも、自然環境教育のあり方を熟考すべき」との指摘[9]もある。

(5) 地域環境保全政策の体系的整理

　以上、群馬県の環境保全行政の政策構造や制度の実体について概観を加えてきたが、県の役割とその政策的手段は、表8のとおり、生活環境及び自然環境を良好な状態に保持（保全・保護）するため、b.原因者を誘導・制御する政策、c.自発的な取組を促進する政策、a.自らの活動による環境保全・再生に大別される。

　このうち、b.の領域には、各種環境基準の設定、規制のために必要な措置など、「環境保全上の支障」を防止するための直接的な手段の他、経済的措置として、公害防止や廃棄物対策、資源有効利用施設の整備、低公害車導入などに取り組む中小企業を支援する資金の貸付けが分類される。

　c.の領域には、環境GS（Gunma Standard）認定制度、花と緑のぐんま作り推進事業、菜の花エコプロジェクト推進事業など、県民・民間団体・事業者の自発的な環境保全活動や環境配慮活動に対する支援や、環境新技術の創出、環境分野における優れた活動に対する顕彰など、主に「環境への負荷」低減に資する政策が分類される。

　a.の領域には、鶴生田川における環境整備・水質浄化事業など、環境保全上の支障防止事業（発生した支障の除去、修復・復元、再生を含む）の他、「循環型社会県庁行動プラン―エコDO!」に基づく、県庁におけるグリーン購入、ごみの減量化、温暖化防止対策の実施など、環境保全に率先して取り組む政策

表8 地域環境保全政策の体系

	a.県自らの活動による環境保全・再生	b.原因者を誘導・制御する政策	c.自発的な取組を促進する政策
直接的手段	支障防止事業の実施（公共的施設整備、汚泥浚渫、希少野生動物の保護増殖）環境インフラ（下水道・廃棄物処理施設等）の整備、自然環境（森林・公園・緑地等の整備	各種規制基準の設定、規制措置（公害防止・自然環境保全・生活環境保全）	公害防止協定の締結
間接的手段	循環型社会県庁行動プラン―エコDO!（グリーン調達、ごみ減量化、温暖化対策）公共事業等における環境配慮、環境新技術の採用	経済的措置（環境生活保全創造資金他）	資源の循環的利用促進自発的な活動の促進（花と緑のぐんまづくり推進事業など）自然環境の健全利用促進環境管理、環境監査の普及環境GS認定制度群馬県環境賞顕彰
基盤的手段	環境影響評価 環境教育・環境学習（尾瀬高校、地域環境学習、尾瀬学校） 環境モニタリング 環境情報の収集、提供（環境白書） 調査研究（衛生環境研究所） 推進体制の整備（国、他の地方公共団体等との連携）		

出典）植田（2002, p.104）を参照し、著者作成

が分類される。

こうした、地域の環境保全・創造に資する政策（地域環境保全政策）に加え、環境影響評価、環境教育、環境モニタリング、環境情報の収集・提供、政策の推進体制整備など、政策の基礎となる取組みも実施されている。

今後の方向性としては、a.～c.のより有効な実施に加え、環境ガバナンスの観点からは、基盤的政策の充実が重要であると考えられるが、この点については章を改めて論じていくことにする。

5　広域自治体の担う役割と課題

群馬県の環境基本条例等においては、県が主体的な役割を果たすことが規定されているが、住民、利害関係者、NPOを始めとする民間団体（以下「住

民等」という。)など、県以外の主体の役割は限定的で、地域環境保全政策の新たなガバナンスを構築していく上で、見直しが必要な状況にあった。こうした一方的な統治・被統治の関係が基軸となっている関係性を見直していく上で、いかなる視点を参照すべきであろうか。

我が国は批准していないが、「環境に関する、情報へのアクセス、意思決定における市民参加、司法へのアクセスに関する条約」(いわゆる「オーフス条約」)[10]は、市民の環境に対する権利を確保するため、環境に関する情報へのアクセス権、意思決定における市民参加、環境問題に関する司法へのアクセス権を定めている。

今後の基盤的政策を検討する上で、条約の定める、政策過程 (Plan-Do-See) への参加の機会確保と、その前提となる環境情報の提供など、民主主義的なプロセスの確立が重要であるが、この様な視点で環境基本条例を見た場合、自治体が行う政策のカタログ的な枠組み条例に留まり、住民等の役割も「環境への負荷低減」に努めることや施策への協力者としての位置づけなど、政策の客体として構成されているものと評価できよう。

こうした伝統的な考え方を転換し、住民等と自治体の関係を再定義していくことや、住民等を環境保全・再生の主体として再定位していくことが今後の課題となる。つまり、政策過程に主体的に参画できる仕組みを構築し、条例に反映していくことにより安定的な制度として保障することや、新たな地域環境の保全・再生主体として、住民等の地位を条例上で確立していくことが必要となる。

このうち前者の参加 (協働) の場は、空間的重層性を持つ地域環境保全に関する課題を解決していく上で、地域にどのような問題があるのかについて情報を共有し、各主体の力を結集する上で必要な政策的装置であるが、これをどのようなものとして構想すべきであろうか。

本稿では、こうした場のあり方を検討する視点として、國領 (2006) の「情報プラットホーム」に着目したい。情報プラットホームとは、國領 (2006, pp.141-146) によれば、第三者間の相互作用を活性化させる物理的基盤とその

上に成立するコミュニケーション基盤（特に、語彙、文法、文脈、規範からなる言語空間）であり、多様な主体が相互作用を行い、新たな価値創造を引き出す協働の「場」である。

この議論をもとに今後の広域的自治体の対応すべき課題や役割を予備的に考察すると、多様な主体が相互作用を行う上で必要な広域的なネットワークの構築や、政策過程における協働の「場」の整備がその役割となる。

この協働の「場」においては、利害関心の異なる多様な主体が主に生活者としての立場から関与していくこととなり、その課題や対策は行政活動の体系とは必ずしも整合しないため、県庁内部における横断的な調整機能の強化が必要となろう。

また、コミュニケーション基盤の整備は、自治体の政策にオルタナティブな問題の捉え方を対峙させることを可能とし、政策自体やガバナンス構造の革新に寄与することが期待されることから、環境情報や環境政策評価情報の生産、伝達（普及）、共有化など、共通の言語となる環境指標や政策評価情報の循環過程の確立についてもその役割となろう[11]。

さらに、地域からの発信能力を高め、課題解決の当事者能力を高めることも重要であり、高い専門性を持った人材の確保、育成も今後の役割として検討されなければならないが、群馬県の尾瀬高校での取り組みはそのモデルの1つを提供しているといえよう。

これらに加え、本稿では触れることが出来なかったが、環境問題の態様に応じた環境政策に関する権限の再配分など、「補完性原理」に基づく地方分権化の推進と広域的自治体としての役割の純化も必要となろう。

1) 基礎的なデータは「ぐんまの魅力発信サイト秘密のぐんま」によった。
(http://kikaku.pref.gunma.jp/himitu/yokoso/index.html)
2) 上毛かるたは、昭和22（1947）年に財団法人群馬文化協会から発行された郷土かるたであり、児童福祉法第八条の文化財として推薦されている。このかるたは、第2次世界大戦後の荒廃した世相の中で、日本の将来を担う子どもたちに夢と希望を与え、郷土愛と日本国民としての誇りをもってもらいたいという、浦野匡彦の願いから作成され、群馬の歴史、文化を伝えるとの趣旨から、群馬県の人物、地理、風物などが幅広く読まれており、読み札の裏にはその解説が書かれている。群馬県内のこどもたち

は、毎年2月に行われる県競技大会に向けて、子供会活動として冬休みを利用して練習に励んでおり、子供時代を群馬県で過ごした人はカルタを暗記しており、県民の文化的なアイデンティティとなっている。
3) 本章のデータは、群馬県（2009b, pp.27-30）によった。
4) 条例制定の経過については、「群馬県の生活環境を保全する条例の概要」及び「群馬県の生活環境を保全する条例のQ&A（Q1～9）」を参照した（群馬県庁ホームページ掲載）。
5) 分類にあたっては、日本水環境学会（2009）を参照した。
6) 本節の記述は、群馬県（2009b, pp.80-81）によった。
7) 平成7（1995）年9月28日（9月定例県議会）、星野巳喜雄県議（当時）の質問に対する教育長答弁
（データは群馬県議会会議録検索システム、www.pref.gunma.jp/cts/?LANG_ID=9による。）
8) 以下の記述は同校のホームページ（www.oze-hs.gsn.ed.jp）掲載資料を参照した。
9) 尾瀬・奥日光ネイチャーガイド杉原勇逸氏の朝日新聞署名記事（平成21（2009）年6月30日付）
10) オーフス条約については、オーフス・ネット（オーフス条約を日本で実現するNGOネットワーク）の翻訳（http://www.aarhusjapan.org/）を参考とした。
11) 政策評価情報の循環過程のあり方については、拙稿（2009）を参照されたい。

資料1　水・環境行政に関わる群馬県庁の主な組織と所管業務

区分	部局名	所管課名	所管する主な法令・条例・計画等	主な所管業務
水資源開発	企画	土地・水対策室（水資源係）	水資源開発促進法 発電用施設周辺地域整備法	水行政の総合調整、水需給計画、水需給動態調査、水資源計画、水資源開発対策、総合利水対策、渇水対策、水利使用の調整、健全な水循環の促進対策（ぐんまウォーターフェア、水の日・水の週間）、利根川水系上下流交流、矢木沢ダム・群馬用水、電源立地地域対策交付金
	県土整備	特定ダム対策課	水源地域対策特別措置法	八ッ場ダム、戸倉ダム、(財)利根川・荒川水源地域対策基金業務、水源地域対策特別措置法業務
		河川課（ダム係）		ダム管理（霧積・桐生川・道平川・坂本・塩沢・四万川・大仁田ダム）、倉渕ダム、増田川ダム
管理・規制	環境森林	環境政策課	環境基本条例 環境影響評価条例 環境基本計画	（環境企画係） 環境影響評価（環境アセス）、美しい郷土を守る県民大作戦 （環境月間、環境美化運動）、公害調停
		環境保全課	水質汚濁防止法 水道水源特別措置法 土壌汚染対策法 大気汚染防止法 ダイオキシン類対策特別措置法 PRTR法 生活環境保全条例	（環境保全係） 地盤沈下防止対策、地盤変動調査、地下水採取量データ、騒音・振動防止、特定地域の公害対策（渡良瀬川流域） （水質保全係） 公共用水域（河川・湖沼）水質常時監視、生活排水対策、地下水汚染対策、地下水質常時監視、水生生物調査、農薬対策、特定地域の公害防止対策（渡良瀬川流域、碓氷川流域、渋川地区）(水質調査) （大気保全係） 有害大気汚染物質対策、大気汚染常時監視、化学物質対策、リスクコミュニケーション、特定地域の公害防止対策（碓氷川流域、渋川地区）(大気調査)
		森林保全課	森林法	（治山係） 治山事業の計画・調査、治山事業の実行・施設の管理、水源地域等保安林整備事業、地すべり防止、災害復旧事業 （森林管理係） 保安林整備・管理・指定・解除、林地開発許可、森林保全
	建福	薬務課（温泉係）	温泉法	泉調査・分析、温泉保護対策検討
	県土整備	河川課	河川法 河川整備計画 はばたけ群馬・県土整備プラン 21世紀の川づくりプラン	（河川管理係） 流水占用等許可、一級河川指定、河川愛護、 （河川企画係） 河川整備計画、河川水辺の国勢調査、川づくり広報、ぐんま川便り、ぐんま川の集い、群馬の川に住む魚、水防テレメーター（水位・雨量） （川づくり係） 河川改修事業、河川環境整備事業、河川維持補修事業
		砂防課	砂防法	砂防事業、地すべり対策事業、急傾斜地崩壊対策事業
自然環境の保全	環境森林	尾瀬保全推進室	自然公園法	尾瀬保護対策、尾瀬適正利用推進、尾瀬保護財団支援、自然解説プログラムの研究、尾瀬学校
		林政課（森林整備係）		森林整備（造林、保育、間伐）、ぐんまの山（森林）を守る間伐・作業道推進プラン、里山・平地林クリーン大作戦
		緑化推進課（緑化推進係）		環境緑化対策、県民緑化運動の推進（県植樹祭、緑の募金推進中央キャンペーン等）
	県土	都市計画課（公園緑地係）	都市公園法	都市公園事業、花と緑のぐんまづくり推進事業、多々良沼公園整備

区分	部局名	所管課名	所管する主な法令・条例・計画等	主な所管業務
水利用	食品	衛生食品課（水道係）	水道法、小水道条例	水道事業の認可・指導監督、水道水質管理
	農政	農村整備課	土地改良法、ぐんま水土里保全整備プラン	土地改良事業、農業水利権の変更・更新・調整 農地・水・環境保全向上対策、農業水利施設保全対策
	企業	発電課		発電施設の建設、維持管理、水源の森、水利調整
		水道課	工業用水法 工業用水道事業法	工業用水道施設の建設・維持管理・経営 水道用水供給施設の建設・維持管理・経営、水道水質管理
排水管理	環境森林	廃棄物政策課（一般廃棄物係）	廃棄物処理法 浄化槽法	一般廃棄物対策、浄化槽対策、合併浄化槽の普及、し尿処理場
	県土整備	下水環境課	下水道法	（下水道管理係） 流域下水道維持管理、公共下水道の水質管理 （計画係） 汚水処理計画、流域別下水道整備総合計画策定、公共下水道事業、公共下水道の都市計画決定・事業認可 （流域下水道係） 流域下水道建設事業、終末処理場建設に伴う周辺環境整備事業、関連公共下水道との調整 （農集排・浄化槽係） 農業集落排水事業、浄化槽整備事業（補助金）
	農政	畜産課（畜産基盤係）	家畜排せつ物法	畜産環境対策、畜産公害防止対策
	産業	工業振興課	鉱業法	地下資源、鉱工業の公害防止、廃鉱山の水質管理
環境教育・環境学習	環境森林	環境政策課（温暖化対策室・環境活動推進係）	群馬県環境学習基本指針	環境学習、グリーンコンシューマー運動（緑の消費者運動）、環境サポートセンター、県環境アドバイザー、こどもエコクラブ、環境ボランティア、環境学習資料、移動環境学習車「エコムーブ号」
	環境森林	緑化推進課（緑化推進係）		緑の少年団、森林環境教育の推進（森林環境教育指導者育成、森の体験ふれあい事業、小中学生のためのフォレストリースクール）
	教育委員会	義務教育課		総合的な学習の時間、尾瀬学校、環境教育
		高校教育課		環境教育（高校）
		生涯学習課		（企画情報係） 昆虫の森自然学習教室 （青少年教育係） 青少年自然体験活動推進、ぐんまキッズ・アドベンチャー、自然体験指導者養成

出典）群馬県行政組織規則（昭和32年規則第71号）及び「群馬県職員録（平成21年度版）」の事務分掌表等を参照し、著者が作成

第2章　生活排水処理施設の整備促進に向けた水源県ぐんまの取り組み

1　はじめに

　群馬県は我が国有数の河川である利根川の最上流に位置し、首都圏の水源県として重要な位置を占めている。しかしながら、同県の汚水処理人口普及率（平成22（2010）年度）は、全国34位（73%）であり、全国平均を大きく下回っている。また、利根川流域圏にある県の中で、群馬県は最上流域にありながらも汚水処理人口普及率が最も低い状態にある。特に、下流県に隣接する都市部（県央部・東毛地域）を流下する利根川中流の支流や渡良瀬川下流の支流においては、環境基準を達成していない状態が継続している。

　生活排水処理は水源を守り、人の健康と地域の生態系を守る上で重要な課題であり、公共用水域の水質汚濁を防止する上で、生活排水処理施設の整備は重要な対策である。

　そこで、本章では、水源県ぐんまにおける河川の水質汚濁の現状、汚水処理人口普及率、汚水処理率の内実を分析し、群馬県の生活排水処理が直面している課題を明らかにする。また、同県が「群馬県汚水処理計画（ぐんま、水よみがえれ構想）」に基づいて行う、「汚水処理人口普及率ステップアッププラン」や「浄化槽エコ補助金」の取り組み状況を紹介、分析し、今後の生活排水処理施設の整備のあり方について考察していくものとする。

2　群馬県の水環境の現状と課題

(1) 河川の水質汚濁の流域別状況

　群馬県内の河川の環境基準達成状況については、第1章の2においてみてきたが、環境基準を達成していない河川を県内の流域別にみると表1のとおりとなる。

　環境基準を達成していない河川は、県央及び東毛地域の利根川中流の支流、渡良瀬川下流の支流（矢場川・谷田川流域）に多くみられ、こうした傾向が継続している。

　このため、群馬県は、水質汚濁防止法に基づき、生活排水による水質汚濁防止を図るための重点地区（生活排水防止重点地区）として、鶴生田川流域生活排水対策重点地域（下水道処理区域を除く、館林市全域）、雄川流域生活排水対策重点地域（下水道処理区域を除く、甘楽町全域）、烏川流域生活排水対策重点地域（下水道処理区域を除く、旧倉渕村全域）、鮎川流域生活排水対策重点地域（下水道処理区域を除く、藤岡市全域）、昭和村赤城高原生活排水対策重点地域（下水道処理区域を除く、昭和村全域）、広瀬川下流域生活排水対策重点地域（下水道処理区域を除く、伊勢崎市市全域）の6地域を指定している。

(2) 汚水処理人口普及率等の推移（H8～22年度）

　次に、こうした公共用水域の水質改善を図るための生活排水対策の実施状況についてみていくことにする。分析の指標としては、汚水処理人口普及率と汚水処理率[1]を中心とするが、群馬県における汚水処理人口普及率及び汚水処理率の推移を示したものが図1である。

　図1のとおり、ここ数年微増傾向が続いているが、平成22（2010）年度末における汚水処理人口普及率は73.0%（前年比1.4ポイント増）となっている。全国平均は86.9%であり、群馬県は全国34位となっている。

　また、利根川流域圏に位置する県の汚水処理人口普及率との比較では、茨

表1－1　環境基準未達成河川の状況

順位	河川名	圏域	類型	測定地点	BOD75%値
1	鶴生田川	矢場川・谷田川	C	岩田橋	10
2	休泊川	矢場川・谷田川	C	泉大橋	7.5
3	谷田川	矢場川・谷田川	C	合の川橋	6.3
4	荒砥川	利根川中流	A	奥原橋	6.2
5	粕川	利根川中流	A	保泉橋	5.2
6	井野川	烏川	B	浜井橋	4.4
7	広瀬川	利根川中流	B	中島橋	3.4
8	鏑川	鏑川	A	鏑川橋	2.3
9	早川	利根川中流	A	早川橋	2.2

出典）「平成23年版環境白書」（群馬県）p.42を加筆修正

表1－2　群馬県内における流域分類

流域名	主な流域市町村	主な河川名
奥利根流域	みなかみ町、片品村、川場村、沼田市、昭和村、渋川市、吉岡町	利根川、片品川、赤谷川
利根川中流域	前橋市、玉村町、伊勢崎市、桐生市の一部、太田市	利根川、広瀬川、桃の木川、荒砥川、粕川、早川、石田川、休泊川
吾妻川流域	嬬恋村、草津町、六合村、長野原町、中之条町、東吾妻町、高山村	吾妻川
烏川流域	高崎市、榛東村	烏川、榛名川、榛名白川、井野川
碓氷川流域	安中市	碓氷川
鏑川流域	南牧村、下仁田町、富岡市、甘楽町、旧吉井町	鏑川、高田川、鮎川
神流川流域	上野村、神流町、藤岡市、旧新町	神流川
渡良瀬川流域	桐生市の一部、みどり市、	渡良瀬川、桐生川
矢場川・谷田川流域	大泉町、邑楽町、千代田町、明和町、館林市、板倉町	休泊川、矢場川、谷田川、鶴生田川

出典）「群馬県流域別環境基準維持達成計画（案）」を参照し、著者作成

城県77.2%、栃木県79.2%、埼玉県88.0%、千葉県83.2%となっており、群馬県は利根川の最上流域に位置する水源県でありながら、最下位となっている。

次に、汚水処理人口普及率の処理方法別内訳を整理したものが表2であるが、公共下水道は49.3%、合併処理浄化槽は16.0%、農業集落排水は6.4%、コミュニティプラント1.3%となっており、公共下水道と浄化槽処理が中心的な処理手法となっている。

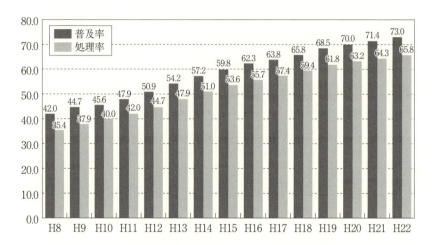

図1　汚水処理人口普及率・汚水処理率の推移

出典）「汚水処理人口普及状況調査」（群馬県）

表2　普及率方法別内訳（平成22年度末）

区分	処理人口（人）	普及率（％）
公共下水道	985,701	49.3
農業集落排水	127,142	6.4
合併処理浄化槽	319,506	16.0
コミュニティ・プラント	25,610	1.3
計	1,457,959	73.0
群馬県人口	1,998,558	―

出典）「平成23年版環境白書」（群馬県）p.46

　「平成21年度一般廃棄物処理実態調査（環境省）」（以下「廃棄物実態調査」という。）により、群馬県全体の水洗化人口の状況についても見ていくことにする。

　表3のとおり、水洗化人口91.6%に対し、非水洗化人口は8.4%となっている。水洗化人口のうち、最も多いのが浄化槽人口（46.7%）であり、公共下水道はこれよりもやや下回っている。また浄化槽人口の内訳を見ると、単独処理浄化槽が合併処理浄化槽を10ポイント上回っている。

表3 水洗化人口の状況(平成21年度)

	人数(人)	構成比(%)
非水洗化(汲み取り)人口	167,769	8.4
水洗化人口	1,839,134	91.6
公共下水道	874,279	43.6
コミュニティプラント	27,096	1.4
浄化槽	937,759	46.7
単独処理浄化槽	562,894	28.0
合併処理浄化槽	374,865	18.7
群馬県総人口(人)	2,006,903	100.0

出典)「平成21年度一般廃棄物処理実態調査」(環境省)により著者作成

このように、群馬県における生活排水処理手法は、処理人口で見た場合、公共下水道、単独処理浄化槽、合併処理浄化槽の順となっている。

(3) 汚水処理人口普及率からみた課題

平成22(2010)年度末における汚水処理人口普及率と汚水処理率を市町村別に整理したものが図2である。図2のとおり、県全体が73.0%であるが、規模別に見ると市部が64.7%であるのに対し、郡部は77.2%となっており、規模の小さな町村部の方が高い結果となっている。

このうち汚水処理人口普及率について、概況を把握するとともに課題を抽出していくため、汚水処理人口普及率をランク別に分類したものが、表4である。

群馬県の社会資本整備の基本指針である「はばたけ群馬・県土整備プラン(2008-2017)」では、平成29(2017)年度末における汚水処理人口普及率90%達成を目標値としているが、表6のとおり、目標達成レベル(80%～)は、13団体、37.1%ある。このうち全国平均(86.9%)を上回る市町村は、上野村(97.8%)、高山村(94.5%)、昭和村(92.2%)、川場村(92.0%)、吉岡町(90.1%)、草津町(87.5%)である。

続いて、県平均レベル(60～80%未満)は10団体、28.6%、目標達成に向けて、さらなる努力が必要なレベル(40～60%未満)は10団体、28.6%、大幅な

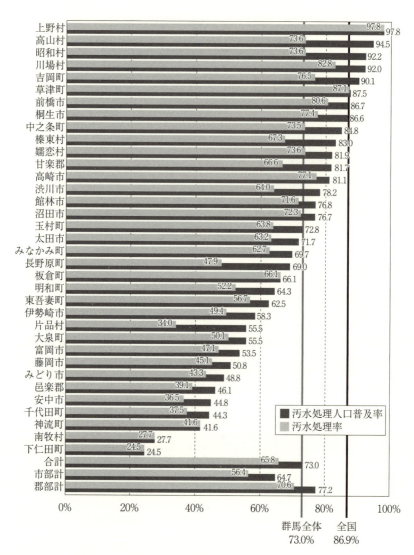

図2　H22年度末　市町村別汚水処理人口普及率の状況

出典）「汚水処理人口普及状況調査」（群馬県ホームページ）

表4 ランク別汚水処理人口普及率の状況（平成22年度末）

人口普及率	（団体数）	市町村名
80%～	13	上野村、高山村、昭和村、川場村、吉岡町、草津町、前橋市、桐生市、中之条町、榛東村、甘楽町、高崎市
60～80%未満	10	渋川市、館林市、沼田市、玉村町、太田市、みなかみ町、長野原町、板倉町、明和町、東吾妻町
40～60%未満	10	伊勢崎市、大泉町、片品村、富岡市、藤岡市、みどり市、邑楽町、安中市、千代田町、神流町
0～40%未満	2	南牧村、下仁田町
計	35	

出典）「汚水処理人口普及状況調査」（群馬県）の公表データを活用し、著者作成

　改善が必要なレベル（0～40%未満）は2団体、5.7%となっていた。
　普及率向上を要する60%未満のランクには、12団体（5市5町2村）が分布しているが、普及率が特に低い団体は、下仁田町（24.5%）、南牧村（27.7%）、神流町（41.6%）である。
　これらの市町村を表1-2に示した群馬県内の流域区分により分類すると、矢場川・谷田川流域が3/6団体（大泉町・千代田町・邑楽町）、鏑川流域が3/4団体（富岡市・南牧村・下仁田町）、神流川流域2/3団体（藤岡市、神流町）、利根川中流域（伊勢崎市）1/4団体となっている。
　表5により、普及率向上が必要な市町村の生活排水処理方法の特徴を整理していくと、公共下水道人口よりも浄化槽人口が圧倒的に多く、その規模は各市町村とも、公共下水道人口よりも、2.7倍～9倍程度多い状況である。また、浄化槽人口の内訳は、神流町を除き、単独処理浄化槽人口数が合併処理浄化槽人口を大きく上回り、2～6倍の差が見られる。
　概況は以上のとおりであるが、普及率の向上に向け、単独浄化槽から合併浄化槽への転換に加え、公共下水道や農業集落排水の整備促進によるカバー率の拡大が課題となる。
　普及率が特に低い団体である、神流町、南牧村、下仁田町においては、浄化槽処理が中心となっているが、非水洗化人口が総人口の30～40%存在するため、水洗化の促進についても普及率向上に向けた課題となる。

表5 普及率向上を要する団体（普及率60%未満）の生活排水処理方法

単位：人、%

	総人口(人)	非水洗	公共下水道	コミプラ	合併浄化槽	単独浄化槽
伊勢崎市	204,917	10.9	23.9	0.7	20.0	44.5
大泉町	40,823	12.2	12.5	0.0	28.3	47.0
片品村	5,007	6.2	15.3	0.0	11.1	67.4
富岡市	52,637	10.6	18.0	3.0	25.1	43.3
藤岡市	67,991	12.3	18.9	0.0	24.6	44.2
みどり市	51,732	6.7	14.4	0.0	30.7	48.2
邑楽町	27,358	16.4	9.7	6.0	21.6	46.3
安中市	61,480	14.3	25.7	0.0	20.4	39.6
千代田町	11,559	13.7	9.0	3.0	23.6	50.7
神流町	2,374	30.4	0.0	0.0	37.6	32.0
南牧村	2,531	40.1	0.0	0.0	22.2	37.7
下仁田町	9,151	25.6	0.0	0.0	17.5	56.9

出典）「平成21年度廃棄物実態調査」（環境省）により、著者作成

(4) 汚水処理率からみた課題

次に、汚水処理率についての概況と課題について見ていくことにする。普及率と同様に汚水処理率をランク別に整理したものが表6である。

平成22（2010）年度末における汚水処理率は、県全体で65.8%となっているが、この内訳を見ていくと、80%以上処理率があるのが、上野村（97.8%）、草津町（87.1%）、川場村（82.8%）、前橋市（80.6%）の4団体である。

これに対して、60%未満の処理率にとどまり、処理率の向上の必要な市町村は、15団体（5市8町2村）、42.8%にのぼっている（表8参照）。処理率向上が課題となる15団体のうち、12団体が普及率について課題のある市町村と重なっているが、このうち、下仁田町（24.5%）、南牧村（27.7%）、片品村（34.0%）、邑楽町（36.2%）、安中市（36.5%）は特に処理率が低い状況にある。

これらの市町村を表3に示した群馬県内の流域区分により分類すると、矢場川・谷田川流域が4/6団体（大泉町・千代田町・邑楽町・明和町）、鏑川流域が3/4団体（富岡市・南牧村・下仁田町）、神流川流域（藤岡市、神流町）2/3団体、利根川中流域1/4団体（伊勢崎市）等となっている。

表6 ランク別汚水処理率の状況（平成22年度末）

	人口普及率 （団体数）	市町村名
80%～	4	上野村、草津町、川場村、前橋市
60～80%未満	16	桐生市、高崎市、吉岡町、高山村、昭和村、嬬恋村、中之条町、沼田市、館林市、榛東村、甘楽町、板倉町、渋川市、玉村町、太田市、みなかみ町
40～60%未満	9	東吾妻町、明和町、大泉町、伊勢崎市、長野原町、富岡市、藤岡市、みどり市、神流町、
0～40%未満	6	千代田町、安中市、邑楽町、片品村、南牧村、下仁田町
計	35	

出典）「汚水水処理人口普及状況調査（群馬県）」の公表データを活用し、著者作成

　汚水処理率の概況分析は以上のとおりであるが、表6及び表7により、処理率向上が必要な市町村の課題を整理していくと、神流町、南牧村は公共下水道がなく、明和町は単独浄化槽が処理方法の中心となっているため、合併浄化槽への転換が課題となる。また、その他の市町村においては、公共下水道への接続促進についても課題となるが、東吾妻町、長野原町においては、単独処理浄化槽を上回る非水洗化人口が存在していることから、その解消が課題となる。

　なお、伊勢崎市には非水洗化人口が22,417人、単独処理浄化槽人口が91,000人それぞれ存在し、これらはいずれも県内最大であるが、同市全域を処理区域とする「利根川佐波流域下水道」が平成20（2008）年9月から供用開始しており、その改善が期待されるところである。

(5) 普及率と処理率の差から見た課題

　下水道への接続は、下水道法に基づき、処理場での汚水処理を開始した日から3年以内に接続することが義務づけられており、守られない場合には、罰則規定も規定されている。しかしながら、家庭の事情等により、接続しない場合も見られるところであるが、下水道や農業集落排水への未接続は、次のような批判が可能であろう。

表7　処理率向上を要する団体（普及率60％未満）の生活排水処理方法

単位：人、％

	総人口(人)	非水洗	公共下水道	コミプラ	合併浄化槽	単独浄化槽
東吾妻町	15,944	31.4	11.3	0.0	33.8	23.5
明和町	11,263	2.9	23.0	0.0	25.2	48.9
長野原町	6,175	24.1	16.5	0.0	41.0	18.4

注）該当団体のうち、普及率向上を要する団体と重複しない団体のみ
出典）「平成21年度廃棄物実態調査」（環境省）により、著者作成

①未接続は、公共用水域の水質保全、生活環境の改善を図る上での課題となる。
②下水道事業の長期的・安定的な経営の実現や、投資効果を得るためには、接続を前提として、多額な費用（税）を投資して整備事業を進めていることから、下水道等への接続、転換が必要となる。
③供用区域内において、すでに接続した近隣住民との公平性を保つ必要があり、下水道等の整備区域では、整備済みの処理施設を活用することが効果的である。

　さて、分析対象としている群馬県においても、図1に見るとおり、汚水処理人口普及率と汚水処理率の間には差がみられるところである。
　群馬県の汚水処理人口普及率は73.0％であるが、実人数でみると、群馬県の総人口199.9万人のうち、145.8万人が処理可能な地域に居住している。これに対し、実際に処理している人口は131.5万人であり、総人口との差を求めると68.4万人となる。いわば68.4万人、34.2％の県民は、生活雑排水を未処理のまま側溝、農業用水路等に放流していることになる。
　こうした汚水処理人口普及率と汚水処理率の差を分析するため、市町村別にその差を算出したものが、表8である。
　表8のとおり、汚水処理人口普及率と汚水処理率の間に差がみられなかったのは、草津町、上野村、神流町、下仁田町、南牧村、板倉町であった。
　これに対し、10ポイント以上の差がある団体が11団体、31.4％あり、最

も差が大きいのが片品村、続いて、長野原町、高山村、昭和村の順である。特に、高山村、昭和村、吉岡町、川場村は、90％以上の汚水処理人口普及率があり、全国平均を大きく上回っているが、処理率70〜80％にとどまっている。

こうした普及率と処理率のギャップを縮小するためには、どの様な課題に対応すべきであろうか。

表9のとおり、改善を要する団体のうち、高山村、昭和村は公共下水道が未整備のため、合併浄化槽への転換と促進と、非水洗化人口の解消が課題となる。

吉岡町、川場村は公共下水が整備されているため、接続促進についても課題となる他、川場村は非水洗化人口が多数存在しているため、その解消についても課題となる。

鏑川流域の上流域に位置する南牧村、下仁田町は、普及率と処理率の差が見られないものの、両率がともに30％未満と著しく低調である。両町村とも、処理方法の中心となる浄化槽のうち、単独処理浄化槽が合併処理浄化槽を上回っており、合併処理浄化槽への転換が課題となる、特に、下仁田町は処理人口の56.9％が単独処理浄化槽により生活排水処理を行っており、その改善が急務である。

また、非水洗化人口が両町村とも30〜40％程度存在するが、南牧村の非水洗化人口率（40.1％）は県内最大であり、改善が喫緊の課題となっている。

(6) 分析結果のまとめ

以上の分析に基づき、水源県ぐんまの生活排水処理が直面している課題を整理すると次のとおりとなるが、生活雑排水未処理人口の解消、つまり①②の解消が大きな課題となっているといえよう。

①単独浄化槽から合併浄化槽への転換の促進

②非水洗化人口の解消（水洗化率の向上）

③公共下水道、農業集落排水の整備促進によるカバー率拡大

④整備済み施設への接続率の向上

表8 普及率と処理率の差の状況（H22年度末）

単位：人、%

	市町村人口	汚水処理人口普及率	汚水処理率	差
片品村	5.2	55.5	34.0	21.5
長野原町	6.3	69.0	47.9	21.1
高山村	4.0	94.5	73.6	20.9
昭和村	7.7	92.2	73.6	18.6
榛東村	14.6	83.0	67.3	15.7
甘楽町	14.1	81.7	66.6	15.1
渋川市	84.3	78.2	64.0	14.2
吉岡町	19.5	90.1	76.5	13.6
明和町	11.4	64.3	52.2	12.1
中之条町	18.2	84.8	73.5	11.3
邑楽町	27.3	46.1	36.2	9.9
川場村	3.6	92.0	82.8	9.2
桐生市	122.6	86.6	77.4	9.2
玉村町	36.9	72.8	63.8	9.0
伊勢崎市	200.3	58.3	49.4	8.9
太田市	212.4	71.7	63.2	8.5
嬬恋村	10.4	81.9	73.6	8.3
安中市	62.7	44.8	36.5	8.3
みなかみ町	22.0	69.7	62.7	7.0
千代田町	11.6	44.3	37.5	6.8
富岡市	52.1	53.5	47.1	6.4
前橋市	339.5	86.7	80.6	6.1
東吾妻町	16.2	62.5	56.7	5.8
藤岡市	69.0	50.8	45.1	5.7
みどり市	52.2	48.8	43.3	5.5
大泉町	34.8	55.5	50.1	5.4
館林市	78.0	76.8	71.6	5.2
沼田市	52.4	76.7	72.3	4.4
高崎市	370.7	81.1	77.1	4.0
草津町	7.0	87.5	87.1	0.4
上野村	1.4	97.8	97.8	0.0
神流町	2.5	41.6	41.6	0.0
下仁田町	9.3	24.5	24.5	0.0
南牧村	2.6	27.7	27.7	0.0
板倉町	15.8	66.1	66.1	0.0

注）着色は全国平均を上回る市町村
出典）「汚水水処理人口普及状況調査（群馬県）」の公表データを活用し著者作成

表9 特に高い普及率（90％以上）があるにも関わらず処理率が低い団体の処理方法

単位：人、%

	総人口(人)	非水洗	公共下水道	コミプラ	合併浄化槽	単独浄化槽
高山村	4,206	7.9	0.0	0.0	77.6	14.5
昭和村	7,766	7.5	0.0	0.0	90.0	2.5
吉岡町	19,218	1.3	53.0	0.0	34.7	11.0
川場村	4,036	12.4	59.0	0.0	10.2	18.4

出典）平成21年度廃棄物実態調査（環境省）により著者作成

3 生活排水処理施設の整備促進対策

(1) 汚水処理計画の概要

　群馬県はこうした課題に対応するため、「群馬県汚水処理計画（ぐんま、水よみがえれ構想）」を策定しており、以下ではこの計画の概要を紹介していくことにする。

　この計画は、様々な汚水処理施設（下水道、農業集落排水、コミュニティプラント、合併処理浄化槽など）を地域の人口や地形等に応じて効率的に配置し、生活環境の改善（トイレの水洗化など）を図るとともに、県民にとって最良の水環境を取り戻すこと、利根川の最上流県として期待される河川環境の整備を目指すことを目的としている。

　こうした目的を達成するため、平成10（1998）年3月に策定され、平成16（2004）年度に第1回の見直しを、平成20（2008）年度に第2回の見直しを行っている。

　現行計画の目標年度は、平成19（2007）年度末を現況の基準年とし、中期的な目標を平成27（2015）年度末、最終目標年は群馬県都市計画マスタープランと整合を図り、平成37（2025）年度末としている。

　また、群馬県の社会資本整備の基本指針である「はばたけ群馬・県土整備プラン（2008-2017）」では、平成29年度末を目標年度とし、目標年度における汚水処理人口普及率90％達成を目標値としているため、これと歩調を合わせた目標値を設定している

　また、群馬県は、一日も早くよりよい水環境を創生するため、平成21（2009）年度～平成25（2013）年度の5箇年間にわたり、市町村への集中的な財政支援する「ステップアッププラン」を同計画上で定めている（表10参照）。

　これにより各施設の整備を進めると、汚水処理人口普及率73.0％（平成22年度末現在）であるものが、中期計画終了後（概ね平成27年頃）には84.0％になることが予測されている。

また、汚濁負荷量も生活排水処理施設の整備により昭和60（1985）年をピークに減少傾向にあるが、中期計画終了後には高度経済成長期前の昭和30年頃の負荷量を下回る水質改善が期待されている。

表10　ステップアッププランの概要

○公共下水道【単独管渠整備促進費補助】
・市町村が実施する単独管渠整備費の3％を補助
・汚水処理計画を上まわる事業を行う市町村を支援
（5箇年で1.8％以上、普及率を上乗せした下水道計画を実施する市町村が対象）
・未普及地域の解消を目指す
○農業集落排水【施設整備費の補助】
・市町村が実施する農業集落排水整備費を補助
・市町村への補助率の拡大　1.8％　→　5％
・国庫補助50％＋県費5％の補助率
○浄化槽【合併浄化槽の設置、転換（撤去）への補助】
・市町村に対する補助率の拡大　1/5　→　1/3

出典）http://www.pref.gunma.jp/06/h6610007.html から引用

(2) 浄化槽整備促進に向けた取組み

　前述のとおり、群馬県における生活排水処理手法は、処理人口で見た場合、浄化槽であり、公共下水はこれよりもやや下回っており、中心となる浄化槽人口は、単独処理浄化槽が合併処理浄化槽を大きく上回っている。

　単独処理浄化槽は、汚濁負荷の大きい雑排水を未処理で放流するだけでなく、し尿による汚濁負荷も大きく、くみ取り便所を用いてし尿処理施設で処理される場合よりも逆に汚濁負荷を増大させるものであるため、公共用水域の保全に対して大きな弊害となっている。このため、生活排水対策への社会的意識の高まりに対応して、単独処理浄化槽の新設禁止のために浄化槽法を改正し、平成13（2001）年4月1日より施行されている。この改正により、浄化槽の新設時においては合併処理浄化槽の設置が原則として義務づけられるとともに、既設単独処理浄化槽について、合併処理浄化槽を直ちに設置する規制を除外するとともに、設置、維持管理等の従来の規制を及ぼすため、改正後においても浄化槽法上の浄化槽とみなすものとされた。ただし、既設

単独処理浄化槽を使用する者は、原則として、合併処理浄化槽への設置替え又は構造変更に努めなければならないものとなっている。

こうした国の政策変更に伴う効果を測定するため、群馬県内における法改正前の状況（平成12年度）と直近の調査結果の状況（平成21年度）の2時点間の比較、評価を試みた。その結果は表11のとおりであるが単独浄化槽の処理人口は、法改正直前に813,241人あったが、10年後の平成21年度においては562,894人となっており、△250,347人（△69.2%）減少しており、一定の効果があったものと見てよいであろう。

表11　浄化槽法改正に伴う生活排水処理手法の変化

	平成12年度（改正前）		平成21年度		増減
	人数（人）	構成比（%）	人数（人）	構成比（%）	
非水洗化（汲み取り）人口	318,120	15.7	167,769	8.4	－150,351
水洗化人口	1,705,257	84.3	1,839,134	91.6	133,877
公共下水道	654,505	32.3	874,279	43.6	219,774
コミュニティプラント	31,214	1.5	27,096	1.4	－4,118
浄化槽	1,019,538	50.4	937,759	46.7	－81,779
単独処理浄化槽	813,241	40.2	562,894	28.0	－250,347
合併処理浄化槽	206,297	10.2	374,865	18.7	168,568
群馬県総人口（人）	2,023,377	100.0	2,006,903	100.0	－16,474

出典）平成12年度及び平成21年度の廃棄物実態調査（環境省）により著者作成

これまで群馬県は、浄化槽整備に関し、浄化槽設置整備事業費補助と浄化槽市町村整備推進事業費補助を実施している。これらの事業目的は、「県補助金を交付して、合併浄化槽の設置を積極的に支援することにより、早期に公共用水域の汚濁負荷を軽減し、群馬県のきれいな水辺環境を回復すること」とされている（平成22年度事業評価書）。

前者は、合併浄化槽の設置を推進するため、合併浄化槽設置者を対象とした補助制度を設けている市町村に対し、その経費の一部を補助するものであり、平成23（2011）年4月1日現在、35市町村中、25市町村（前橋市、高崎市、桐生市、伊勢崎市、太田市、沼田市、館林市、渋川市、藤岡市、安中市、みどり市、榛東

村、吉岡町、甘楽町、中之条町、草津町、高山村、片品村、川場村、みなかみ町、板倉町、明和町、千代田町、大泉町、邑楽町）で事業を実施している。

　後者は、公共下水道を整備できない地域において、個別に合併処理浄化槽を行う事業（浄化槽市町村整備推進事業）を公営事業として実施する市町村に対し、補助金を交付し、その積極的な支援を行うものであり、平成23（2011）年4月1日現在、15市町村（伊勢崎市、太田市、渋川市、藤岡市、富岡市、みどり市、上野村、神流町、下仁田町、南牧村、中之条町、長野原町、嬬恋村、東吾妻町、昭和村）で事業を実施している。

　これら2つの事業実績は表12のとおりである。また、直近の3カ年における設置状況を見ておくと、表13のとおり、単独処理浄化槽は減少傾向にあるものの、その割合が依然として高い状況が継続しており、平成22（2010）年度末において218,076基が存在している。

(3) 浄化槽「エコ補助金」の意義と課題

　こうした取り組みに加え、単独処理浄化槽又はくみ取り槽から、合併浄化槽へ転換する場合、設置者の負担軽減を図るための補助金として、浄化槽「エコ補助金」を平成23（2011）年度から創設している。

　浄化槽「エコ補助金」は、単独処理浄化槽等から合併浄化槽へと転換した場合、上記2事業に加算して補助金を交付し、住民負担を軽減しようとするものであるが、制度概要は表14のとおりとなっている。

　群馬県はこの補助金を活用し、住民負担の軽減を図るとともに、広報も積極的に行い、合併浄化槽への転換の雰囲気、ブームづくりを企図している。実施期間は今後検討としながらも、広報資料においては、平成23年度限りの時限措置とされている[2]。

　エコ補助金による浄化槽設置費の負担のスキームは、図3のとおりであるが、環境省資料によれば、a.単独浄化槽を撤去する場合の標準的費用は93,000円／基（5人槽）、b.合併処理浄化槽の標準的設置費用は804,000円／基（5人槽）となっている。このうちエコ補助金の対象はb.のみである。

表12 浄化槽整備に対する補助事業の実績（群馬県内）

	年度	市町村数	補助対象基数（基）		補助金等交付額（千円）		
			国庫補助等	県費補助	国庫補助等	県費補助	計
浄化槽設置整備事業	20	29	3,099	3,099	223,358	132,822	356,180
	21	25	2,770	2,778	180,524	133,408	313,932
	22	24	2,768	2,768	201,660	134,384	336,044
	累計（S62〜）		57,563	57,239	7,253,091	6,508,885	13,761,976
浄化槽市町村整備事業	20	12	396	396	114,044	51,765	165,809
	21	15	433	445	133,697	59,752	193,449
	22	15	461	473	241,379	71,370	312,749
	累計（H8〜）		4,031	4,016	1,462,163	378,398	1,840,561

出典）環境白書（群馬県）の各年度版のデータを活用し、著者作成

表13 群馬県内における浄化槽設置数

	浄化槽設置数（年度末累計）	合併処理浄化槽		単独処理浄化槽		当該年度内の設置基数
		基	比率（％）	基	比率（％）	
平成20年度	335,267	90,287	26.9	244,980	73.1	5,973
平成21年度	326,099	94,129	28.9	231,970	71.1	5,051
平成22年度	316,539	98,463	31.1	218,076	68.9	5,525

出典）環境白書（群馬県）の各年度版のデータを活用し、著者作成

　この補助金を活用した場合の住民負担金を算出すると、住民負担割合は設置費の60％であるので482,400円となるが、このうち10万円がエコ補助金により補填されることとなる。

　平成12（2000）年浄化槽法改正により、単独処理浄化槽の新設が原則禁止され、既設単独処理浄化槽は合併処理浄化槽へ転換するよう努力義務が課されている。

　しかし、単独処理浄化槽は既にトイレの水洗化が図られており、使用者である家庭にとって合併転換はメリットが少なく、インセンティブが働きにくいため、転換は遅々として進んでいない。こうした状況下において、浄化槽「エコ補助金」を創設し、従来からの助成率を超え、県が個人負担の一部を直接負担することにより、負担感の軽減を図ろうとする全国的にも珍しい試みと評価できる。

　非水洗化地域の多くは財政力の特に弱い中山間地域に位置し、厳しい財政

表14 浄化槽「エコ補助金」の制度概要

○補助対象
　・既存の単独処理浄化槽又はくみ取り槽を原則撤去処分し、合併浄化槽を設置すること。
　・市町村が浄化槽設置補助金の対象としている地域（個人設置型）又は、市町村が公営事業として浄化槽を設置している地域（市町村設置型）であること。
　・下水道や農業集落排水の実施地区は対象外。
　・平成23年度内に市町村の検査を受け、完成すること。
○補助対象額
　・転換1基に対し、一律10万円を交付する。
　・23年度予算額　2億円
　・平成23年度のみの時限措置（限定2000基）
○申請方法
　個人設置型地域の場合、通常の浄化槽設置補助金と同時に市町村に申請

出典）http://www.pref.gunma.jp/06/h66100026.htmlを参照し、著者作成

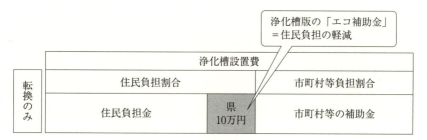

図3　浄化槽「エコ補助金」のイメージ図

出典）http://www.pref.gunma.jp/06/h66100026.htmlから引用

状況を反映し、市町村単独の取り組みが期待されない中で、こうした補助金の新設は市町村支援や地域経済活性化に対しても大きな意義を持つものといえよう。

　国の行った省エネ家電のエコポイント制度や、エコカー補助金の様に特需を生み出すことが期待されるが、浄化槽「エコ補助金」は平成23年度のみの時限措置とされており、補助対象基数も2,000基にとどまり、水環境再生や汚水処理普及率向上の押し上げ効果は、限定的なものとなるであろう[3]。

　現時点で補助金の活用状況は公表されていないが、市町村等の要望を踏ま

え、少なくともステップアッププラン継続期間中は継続すべきではないだろうか。

また、合併処理浄化槽の多くは、接触曝気方式の処理によるものであり、BOD 成分の除去が主な処理内容となっている。このため、生活排水中の有機物除去には効果的だが、窒素やリンの除去が期待できないため、高度処理浄化槽の設置が望まれている（武田, 2010, pp.129-131）。

しかし、高度処理浄化槽の設置基数は、全国的にも依然として少ないといわれており、こうした浄化槽設置へのインセンティブとして、補助金額の上乗せなどの拡充策も検討されてもよいのではないだろうか。

4 おわりに

本稿では、水源県ぐんまにおける生活排水処理の現状と、生活排水処理施設の整備促進による水環境（循環）の再生の取り組みについて分析を行ってきた。

群馬県における生活排水処理手法は、処理人口で見た場合、浄化槽であり、公共下水はこれよりもやや下回っていること、中心となる浄化槽人口は、単独処理浄化槽が合併処理浄化槽を大きく上回っていることを明らかにした。

また、生活雑排水未処理人口の解消、つまり、a.単独浄化槽から合併浄化槽への転換の促進、b.非水洗化人口の解消（水洗化率の向上）が大きな課題となっていることを指摘し、浄化槽整備促進に向けた特徴的な取組みとして浄化槽「エコ補助金」を紹介し、その意義と課題について考察を加えてきた。

こうした取組みは、合併処理浄化槽への転換促進による水環境の保全再生に向けて、誰がどの程度コストを負担するのかという課題に対し、一つの方向性を示すものであるといえよう。

浄化槽は、家庭の生活排水を主に各戸ごとに処理し、公共用水域等に放流するものであるが、その特徴として、下水道並みの処理能力を持つこと、比

較的安価であること、建設期間が短く投資効果に即効性があること、オンサイトの処理システムであるため、河川の流量確保と多様な生態系を維持することが可能であり、環境保全上健全な水循環に資することが一般には挙げられる。

地域の水環境の保全再生を図るための生活排水処理システムを構築していく上で、浄化槽は今後とも重要な役割を果たしていくであろうが、個人の負担能力や地方財政の健全化を考慮した場合、PFI手法による市町村整備型の活用も視野に入れ、検討していく必要がある。今後、更新期を迎える下水道の再整備にあたっても、人口減少を考慮した場合には、浄化槽への転換も選択肢の一つとなるであろう。

本章では、生活排水処理施設のうち浄化槽を中心に論を進めてきたが、もとより、どの地域にどの処理手法が適正なのかという全体的な視点に立った、生活排水処理対策のアロケーションが重要であることはいうまでもない。

1) 汚水処理人口普及率は（合併処理浄化槽下水道告示区域外人口＋コミュニティプラント処理人口＋農業集落排水処理人口＋下水道処理人口）／住民基本台帳人口×100％で算出され、生活排水処理を行える施設が既に設置されている区域内の人口の割合をいう。
　　汚水処理率は（合併処理浄化槽設置済人口＋コミュニティプラント処理人口＋農業集落排水接続人口＋下水道接続人口）／住民基本台帳人口×100％で算出され、生活排水処理施設を活用し、実際に処理を行っている人口の割合をいう。
2) 群馬県議会平成23年2月定例会一般質問（笹川博義県議）において、県土整備部長は、補助金創設の趣旨について、次のとおり答弁している。「県では、平成21年度から市町村が実施する公共下水道、農業集落排水及び浄化槽の整備に積極的な財政支援を行う汚水処理人口普及率ステップアッププランに取り組んでおります。平成21年度末の普及率は71.4％、全国37位と依然として低位な状況にございます。特に平成21年度の普及率の伸びは公共下水などほぼ目標どおりに進捗いたしましたけれども、浄化槽は景気後退の影響により0.3％、当初見込みに比べ大きく落ち込む結果となっております。
　　一方で、県内には約23万基の単独浄化槽が存在しております。これらの合併浄化槽への転換を集中的に促進することが環境保全や汚水処理人口普及率の引き上げにつながるとともに、水源県としての責務であると考えております。このようなことから、設置者の負担軽減を行い、浄化槽普及率の向上を図るため、エコ補助金を創設することといたしました。」
　　また、「特に来年度は、全国にも例のないこの画期的なエコ補助金を活用し、合併浄化槽への転換を促進するため、市町村や群馬県浄化槽協会等関係団体と連携し、積

極的にエコ補助金の PR を行う予定でございます。多くの方に、変えるなら今がチャンスと思っていただくことによって、合併処理浄化槽への転換を促進し、汚水処理人口普及率のアップを図っていきたいと思っております。」との考えを示しているところである。
3) 同制度については、脱稿後の確認によれば、事業が継続され、平成 26 年度当初予算においても予算計上がなされている。なお、群馬県議会平成 26 年第 1 回定例会の一般質問（臂泰雄県議）において、「ステップアッププラン導入前の年間 70 基に対し、今では年間約 1200 基とし 7 倍に増加した」旨の答弁が県土整備部長によりなされており、合併処理浄化槽への転換促進に寄与しているようである。

第3章　水源地域保全条例の構造分析
―北海道、埼玉県、群馬県の比較を通して

1　はじめに

　我が国は国土の約 67% を森林が占め、先進国の中では有数の森林国であるが、グローバル経済の進展により、天然資源の買収が世界的に拡大しているなかで、内外の民間資本により、我が国の水資源の源である森林の売買が進みつつある。

　森林売買については、様々な事例が紹介されているが[1]、こうした動きに対して「水資源の買い占めではないか」と指摘する声もある。国レベルでのルール整備が不十分な中でこうした森林売買が進行すれば、自国の森林資源や水資源を管理することが困難となり、国土保全や国民生活の安定の上で、大きな影響を受けることが予想される。

　このため、林野庁等は、平成 22（2010）年度から「外国資本による森林買収に関する調査」を開始した。その調査結果（表1）によれば、居住地が海外にある海外法人又は外国人による森林取得の事例が、平成 18（2006）年から 23（2011）年までの間において、49 件、760 ヘクタール確認されている。この内訳を地区別に見ると、章末資料のとおり、事例のほとんどは北海道に集中しているが、山形県、長野県、群馬県、神奈川県、兵庫県、沖縄県においても森林取得の事例が確認されている。

　山林売買の増加の背景には、世界的な資源争奪戦に加え、日本の山村地域社会の疲弊がある。限界集落の言葉に象徴されるように、人口減少、高齢化が著しい山間部では、社会、経済の縮小に歯止めがかからず、山林所有者が

表1 外国人による森林取得状況（件数）

届出年	平成18〜21年	平成22年	平成23年	計
件数	25	10	14	49
森林面積（ha）	558	45	157	760

出典）農林水産省・国土交通省調査結果から著者作成
（http://www.rinya.maff.go.jp/j/press/keikaku/120511.html）

山や森林を維持し続けることが困難となっている。

　外資による森林取得への対応については、国土利用計画法等による土地利用の規制拡充や、国の安全保障の観点からも検討が必要であるが、本章では、北海道、埼玉県、群馬県が先駆的に開始した、水源地周辺の土地売買の実態把握などによる、水源地域保全の取り組みについて分析していくものとする。分析にあたっては、対応の基本的な枠組みとなる「水源地保全条例」の条文や手続構造に焦点をあてていくものとする。

2　水源地域における土地取引行為規制とその課題

　水源地を抱える自治体が直面している制度的側面の課題を明らかにするため、まず、法律レベルにおける土地取引行為の規制状況を整理していく。その概況は表2のとおりであるが、国土利用計画法又は森林法に基づく届出が規制法令の中心となっている。

　国土利用計画法は、「適正かつ合理的な土地利用の確保を図ること」を目的とする制度であり、表3のとおり、一定規模以上の面積の土地売買等の契約を締結した場合には、土地の所有権、地上権、賃借権又はこれらの権利の取得を目的とする権利を取得することとなる者、つまり、土地の権利者（買主）に対し、2週間以内に、市町村長を経由し、知事に届出を義務づけている。

　届出を受理後、知事は利用目的について審査を行い、利用目的が土地利用基本計画など土地利用に関する計画に適合しない場合、3週間以内に、利用目的の変更を勧告し、その是正を求めることができることに加え、土地の利用目的について、適正かつ合理的な土地利用を図るために、必要な助言をす

表2　土地取引行為の規制状況

地域区分	土地取引行為前の規制		土地取引後の規制	
	一定規模未満	一定規模以上	一定規模未満	一定規模以上
都市的地域				
市街化調整区域以外		公有地拡大の推進に関する法律		国土利用計画法
農業地域				
農地		農地法	（取引行為前の規制があるため不要）	
森林地域			森林法	国土利用計画法
自然公園地域				
自然保全地域				

出典）道庁ホームページ（http://www.pref.hokkaido.lg.jp/ss/stt/mizusigen/mizusigen.htm）掲載資料を部分修正した

表3　国土計画法に基づく届出を要する行為の概要

○届出を要する「取引の規模（面積要件）」 　市街化区域：2,000㎡以上 　市街化区域を除く都市計画区域：5,000㎡以上 　都市計画区域以外の区域：10,000㎡以上 ○届出を要する「取引の形態」 　売買、交換、営業譲渡、譲渡担保、代物弁済、現物出資、共有持分の譲渡、地上権・賃借権の設定・譲渡（一時金を伴うもの）、予約完結権・買戻権等の譲渡、信託受益権の譲渡、地位譲渡、第三者のためにする契約（これらの取引の予約も含む）

出典）群馬県ホームページ（http://www.pref.gunma.jp/04/b4010012.html）から作成

ることができることが規定されている。

　以上のとおり、国土利用計画法に基づく届出は、一定規模以上の土地取引について、開発行為に先行して、土地の取引段階において土地の利用目的を審査し、助言・勧告によりその早期是正を促す仕組みとなっている[2]。

　平成23（2011）年4月の森林法改正により、平成24（2012）年4月以降、森林の土地の所有者となった者は、市町村長への事後届出が義務付けられた。個人・法人を問わず、売買や相続等により森林の土地を新たに取得した者は、面積に関わらず土地の所有者となった日から90日以内に届出をしなければならないこととなっている。ただし、国土利用計画法に基づく土地売買契約の届出を提出している場合は対象外となっている。

林野庁は、この森林の土地所有者届出制度の創設理由を「森林法に基づく造林命令、保安林における監督処分など、諸制度を円滑に実施するために森林所有者を把握する制度となっている」と説明している[3]。

また、林地を開発する場合は森林法による開発許可が必要となる。しかし、この制度は、森林の開発にあたり、森林が有する公益的機能が保全されるよう開発を規制（部分的に制限）するものであり、林地開発そのものの抑制や林地の他の用途への転用を抑制することを目的としたものではなく、法律の定める一定の用件に該当すれば、容易に開発が認められるところに問題があるとの批判がなされている（畠山, 2006, pp.90-92）。

このように、国の現行制度においては、土地の取得者に対する、事後的な届出制度により土地売買の適正化を図ろうとしており、国土利用計画法においては、面積用件を定めていることから、森林以外の一定規模面積未満の土地取引を事前に把握することが不可能となっている。

外国人の土地所有については、外国人土地法（大正14（1925）年制定）があるが、日本人・日本法人による土地の権利の享有を制限している国に属する外国人・外国法人に対しては、日本における土地の権利の享有について、その外国人・外国法人が属する国が制限している内容と同様の制限を政令によってかけることができると定めている。

また、第4条では、国防上必要な地区においては、政令によって外国人・外国法人の土地に関する権利の取得を禁止、または条件もしくは制限をつけることができると定めている。しかし、日本国憲法下において関係政令は定められておらず、機能していないのが実情である。

こうした状況の中、水源地域の保全を図るため、「事前届出制度」による森林売買の監視強化（可視化）の新たな動きが自治体レベルでは始まっている。

本章では、全国の自治体に先駆けて、平成24（2012）年4月1日から施行された「北海道水資源の保全に関する条例」（以下「北海道条例」という。）及び「埼玉県水源地域保全条例」（以下「埼玉県条例」という。）と、同年7月1日から施行された「群馬県水源地域保全条例」（以下「群馬県条例」という。）につい

て分析していくものとする。

いずれの条例も事前届出制をスタートさせたばかりであるため、本章では、条例の基本目標や理念、具体的な条文の内容、手続構造について分析を加えていくものとする。

3 水源地域保全条例の逐条分析による構造の解明

(1) 条例の目的と基本理念

法制執務の観点から言えば、目的規定は、単にその目的だけを規定するだけではなく、「～することにより、～することを目的とする」「～することにより、～を図り、もって～することを目的とする」というように、まず条例に定められた目的達成に必要な手段を掲げ、その後に条例の目指す最終目的を規定するものが多い。

つまり、条例の「目的規定」とは、条例が規定している事項とあわせて、この条例が何を目指しているのかを簡潔に示すものであり、条例全体の解釈・運用の指針となるものである。

このため、分析にあたっては、条例で規定されている事項（第1次目的）は何か、条例が目指す最終目標は何かについて明らかにしていきたい。

前者の「第1次目的」は、概ね共通しており、水資源や水源地域の保全に関する基本理念、関係主体（自治体、事業者、土地所有者等、住民）の責務、適正な土地利用の確保を図るための措置を規定している。

後者の「最終目標」については違いがみられる。北海道条例（第1条）は「水資源の保全に関する施策を総合的にし、もって推進現在及び将来の道民の健康で文化的な生活の確保に寄与すること」、埼玉県条例（第1条）は「水の供給源としての水源地域の機能の維持に寄与すること」、群馬県条例（第1条）は「水源地域の保全に関する施策の効果的な推進に資すること」と規定している。

これらの規定から読み取れるとおり、北海道条例は、水資源の保全を直接

の目的とし、この目的を達成させるため、水資源の保全に関する基本的施策の枠組みを定めるとともに、水源の周辺における適正な土地利用を図るための制度を創設する条例と位置づけられる。

これに対し、埼玉県、群馬県条例は森林の有する水源涵養機能が十全に発揮されるよう、土地利用の適正化を図るための制度を創設するものであり、この結果として水源地域の保全が図られるという構成をとっている。

つまり、水源地域における適正な土地利用の確保という点で各条例は共通しているが、力点の置き方や性格が異なっていることがわかる。

こうした条例の性格や位置づけは「基本理念」規定にも反映されている。北海道条例（第3条）は「全ての道民が本道の豊かな水資源の恵みを享受することができるよう、地域の特性に応じて推進されなければならない」ことを基本理念として規定している。

群馬県条例（第3条）は「県民をはじめ流域に暮らす全ての人々が水を通して森林の恩恵を享受していることに鑑み、森林の有する水源涵養機能の維持及び増進が図られること」及び「森林の有する公益的機能の重要性に鑑み、社会全体で森林を支えるようにしなければならない」ことを基本理念としている。

また、群馬県条例は、前文において「森林を適正に整備、保全し、将来にわたって水源涵養機能を維持していくことが『水源県ぐんま』の責務である」としているが、県内に留まらず、首都圏に広がる利根川流域全体を視野に入れ、森林の水源涵養機能を保全、整備していくための前段として、土地利用の適正化を図っていこうとしているのである。

(2) 関係主体の責務

さて、「責務規定」とは、条例の目的や基本理念等の実現のために関係主体の果たすべき役割を宣言的に規定するものであるが、保全条例においては、制定自治体、住民、土地所有者等、事業者に対する、水源地や水資源保全のための責務を定めている。ここでは、北海道条例を例として紹介していく。

まず、条例制定自治体については「基本理念にのっとり、水資源の保全に関する施策を総合的に実施する責務を有する」（北海道条例第4条）ものとし、保全に関する施策を総合的に実施することをその責務としている。また、埼玉県（第3条）は市町村が実施する施策に関し、助言その他の支援を行うことを責務としている。

次に、住民については「基本理念にのっとり、水資源の保全に対する理解を深め、自らこれに努めるとともに、道が実施する水資源の保全に関する施策に協力するよう努める」（北海道条例第7条）ものとし、水源地や水源保全に対する理解等や施策への協力をその責務としている。

また、土地所用者等については「土地所有者等は、基本理念にのっとり、水資源の保全のための適正な土地利用に配慮するとともに、道が実施する水資源の保全に関する施策に協力する」（北海道条例第6条）ものとし、適正な土地利用への配慮や施策への協力を責務としている。

さらに、事業者については「その事業活動を行うに当たっては、基本理念にのっとり、水資源の保全について十分配慮するとともに、道が実施する水資源の保全に関する施策に協力する」（北海道条例第5条）ものとし、事業者に対し、その事業活動を行う際には、水資源等の保全への配慮や施策への協力を規定している。

(3) 事前届出制度のスキーム

各保全条例の定める「事前届出制度」の基本的なスキームを整理すると図1のとおりとなる。以下では、このスキームに沿って制度の骨子を紹介、分析していくことにする。

(4) 市町村や国との連携

北海道条例（第8、9条）及び群馬県条例（第7、8条）においては、水源地や水資源保全施策を推進するにあたり、市町村や国との関係について、単独の条項として規定しており、このうち市町村との関係については、市町村の実

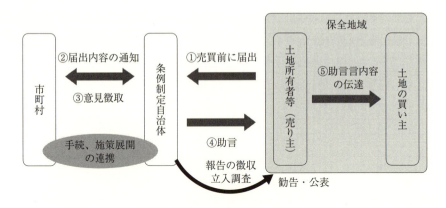

図1　事前届出制度のスキーム

出典）著者作成

施する保全に協力すること、条例制定自治体の行う保全施策に協力を求めることを定めている。

　こうした連携は理念レベルのものではなく、(9)で後述するように事前届出手続においても市町村との具体的な連携を定めている。

　また、市町村の定める同趣の条例が制定され、同等以上の効果が期待できる場合には、当該区域には適用しないことを各条例とも定めており、都道府県条例と市町村条例の競合を回避するための調整規定が整備されている。

　次に、国との関係については、国と連携協力して施策を推進するとともに、国に対し必要な措置を講ずるよう要請することを条例上において定めて点が注目される。

　道庁逐条解説によれば、この規定の意義は「水資源保全地域に隣接する国有地について条例の考え方に沿って一体として保全が図られるよう要請を行うことや、水資源の保全に向けた関係法令の整備、支援制度の創設等について要望すること等を意味する」としている[4]。

(5) 保全地域の範囲とその指定手続き
①保全地域の範囲の捉え方

知事は、適正な土地利用の確保を図るため届出の必要がある地域を「保全地域」として指定し、土地の権利移転を注視していくこととしているが、自治体によって区域の定義（捉え方）には大きな違いが見られる。各制定自治体の対象範囲の違いを図式化すると、図2のとおりとなる。

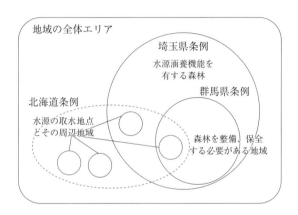

図2　保全地域の範囲の違い

出典）著者作成

具体的な条文に則してみていくと、埼玉県条例（第6条）は「山間部の地域であって、水源の涵（かん）養の機能を有する森林の存するもの」、群馬県条例（第11条）は「森林の有する水源涵養機能の維持及び増進に資するため、森林を整備し、及び保全する必要がある地域」を保全地域として指定できるとしており、森林の機能や現況に着目し、それぞれ保全すべき地域（水源地域）として定義しているが[5]、これらの条例は森林法による制限との親和性が感じられる。

これに対して、北海道（第17条）は「地表水若しくは地下水から原水を取り入れる施設が設置されている地点又はその設置が予定されている地点及びその周辺の区域」であって、「当該区域における土地の所有又は利用の状況

を勘案して水資源の保全のために特に適正な土地利用の確保を図る必要があると認めるもの」を水源保全地域として指定すると規定している。

つまり、北海道条例は、公共の用に供する水源の取水地点とその周辺地域における土地利用の動向を考慮し、保全すべき地域として指定することとしている。

保全地域の指定は「水資源保全地域に係る適正な土地利用の確保に関する基本指針」に基づいて行われることになるが、「水源の取水地点」とは、地表水若しくは地下水から原水を取り入れる施設の設置地点、又はその予定地点としており（第17条）、大規模リゾート開発への対応として、1990年初頭に長野県を始め各地で制定された、「水道水源保護条例」に類似した側面を有しているものと思われる。

②保全地域の指定手続

保全地域の指定にあたっては、あらかじめ関係市町村長の意見を聴いたうえで、保全地域の指定の案が作成され、縦覧に供される。

この原案については、埼玉県及び群馬県は自ら策定するが、北海道条例においては、道の策定する基本指針を踏まえ、市町村長が地域の実情に応じて保全を要する区域を検討し、提案するものとしており、この指定にあたっては、林業や観光産業等、地域産業との調和への配慮を求めている（第17条第1～3項）。

「市町村長」については、水源地が所在する市町村長に加え、隣接の市町村長からの提案も想定している他、知事が特に必要と認めるものについても、保全地域として指定することができることとしている。

公告があったときには、意見書を提出することを可能としているが、北海道条例（第17条第8項）は「区域の住民及び利害関係人」に、埼玉県条例（第6条第4項）は「区域の土地所有者等及び利害関係人」に、群馬県条例（第11条第4項）は「森林の所有者等及び利害関係人」に対して意見書の提出を認めている。

ここで「土地所有者等」とは、水源地域内の土地について所有権等を有す

る者（埼玉県）、水源地域内の森林について所有権等を有する者（群馬県）を指している。

　利害関係人をあわせて対象としていることから、広く意見を述べる機会が付与されているともいえるが、北海道は土地に対する権利の有無にかかわらず、「区域の住民」としている。これに対し、栃木、群馬は制度の対象となる土地等に対する権利を有する者にのみ認めている点が注目される。

　指定案についての意見書の取り扱いに関し、条例上においてはパブリック・コメント手続のような双方向のコミュニケーションプロセスではないが、異議のある旨の意見書が提出された場合の取り扱いについてのみ規定している。

　この点に関し、群馬県条例は意見書を提出した者の意見を聴取することとしており（第11条第5項）、埼玉県条例は公聴会を開催することとし、施行規則において具体的な手続きを規定している（第6条第5項）。

(6) 届出対象となる土地

　保全地域のうち、届出の対象となる土地の範囲について、北海道条例（第20条）は「水資源保全地域内の土地」と規定しており、分析対象条例のうちで最も範囲が広い形をとっている。

　これに対して、埼玉県、群馬県は「森林の土地」を対象としている点で共通しているが、埼玉県条例は「水源地域内の土地であって、木竹が集団して生育している土地又は木竹の集団的な生育に供される土地」で、「その地目が山林、原野、保安林であるもの」としている（埼玉県条例施行規則第1条）。

　ところが、群馬県（第12条）は、地域森林計画（森林法第5条第1項）の対象となっている民有林（国有林以外の森林）の土地のみを対象としており、群馬県条例の方が対象範囲を限定的に捉えている。

　これらの違いは、条例の目的のところで記述した条例の性格の違いを反映しているものと考えられるが、(5)の保全地域の広狭とあわせ、土地の対象範囲の違いが制度運用の効果にどのような相違をもたらすのか、今後注目し

ていきたい。

　特に、埼玉県と群馬県は地理的に隣接しており、両県にまたがる森林地帯も存在していることから、制度の対象範囲等の違いによる支障の発生が懸念され、運用面での連携、調整が必要になってくるものと思われる。

　今後、他の自治体が、水源地域の土地利用適正化を図るための条例制定にあたっては、政策の特性である森林の広域性や水系・流域全体を視野に入れ、協管条例の制定や地方自治法の広域連合制度の活用が検討されてもよいのではないだろうか。

(7) 届出義務者

　新たな土地取引行為の届出制を導入する場合、届出義務者は売主か買主かという点が論点となる。

　各自治体とも、現に土地に関する所有権、使用及び収益を目的とする権利を有する者（売主）を届出義務者としており、この点で国土利用計画法の買主による届出制度と大きく異なっている（北海道条例第20条、埼玉県条例第7条、群馬県条例第12条）。

　なお、北海道条例は、これらの権利の取得を目的とする権利（所有権等の移転等を要求しうべき民法上の予約完結権、買戻権）を有する者についても含めている。

　ところが、「使用収益を目的とする権利」については、自治体によって考え方が異なっている。

　埼玉県及び群馬県条例は、地役権、使用貸借による権利、賃借権を有する者を想定している（埼玉県施行規則第2条、群馬県施行規則第3条）。北海道は、埼玉県と異なり、地上権、賃借権を有する者を想定して地役権、使用貸借による権利を有する者を届出義務者としていない（北海道施行規則第3条）。

(8) 届出が必要な土地取引行為の範囲

　届出が必要な土地取引行為の範囲については、「当該土地に関する権利の移転又は設定をする契約（北海道第20条）」、「当該土地の所有権等の移転又は

設定をする契約（埼玉県第7条、群馬県第12条）」とし、下限面積要件を各自治体とも設定していない。

　法文上の表現は、ほぼ同一であるが、施行規則で定めることとしている、対象となる具体的な土地取引行為の種別は若干異なっている。

　北海道条例（第20条第1項）は、「権利の移転等が対価の授受を伴う契約行為」のみを対象としている。具体的には、国土利用計画に基づく土地取引行為の届出と同様に、土地の売買契約のほか、譲渡担保、代物弁済、交換、営業譲渡など、所有権、地上権、賃借権等の権利の移転等が対価の授受を伴う契約行為を対象としている。また、これらの予約や、権利の移転又は設定を受けることとなる者が未定である場合も対象としている。

　道庁は「対価」を「必ずしも金銭に限らず、一般的に金銭に換算し得る経済的価値を広く包括するもの」とし、①抵当権、不動産質権等の設定、地役権、永小作権、使用貸借権等の移転又は設定、②贈与、財産分与信託の引受及びその終了、遺産の分割等対価の授受を伴わないものは、届出を要しないとしている（道庁逐条解説 p.18）。

　埼玉県（規則第5条）及び群馬県（規則第7条）は、有償、無償を問わず、贈与契約、売買契約、交換契約、地上権の設定契約、地役権の設定契約、使用貸借契約、賃貸借契約を対象としている。

　どの様な土地取引行為を届出の対象とするのかという論点については、制度の実効性を確保していく上で重要であり、土地に対する権利の範囲、対価性の有無、契約性の要否などについて、慎重に検討していく必要がある。今後の制度運用状況により必要な見直しが加えられていく必要があるが、土地に対する権利を利用した望ましくない開発等が行われることを想定し、広めの対象範囲としておくことが望ましいのではないだろうか。

(9) 市町村等と連携した届出手続

　知事は届出があった場合、その内容について審査することとあわせ、その届出内容を届出にかかる土地が所在する市町村の長に通知することを規定し

ている。

　また、市町村長からの意見聴取についても、「必要があると認めるときは意見を求めることができる」（埼玉条例第8条2項、群馬条例第13条2項）あるいは、「水資源保全の見地からの意見を求めなければならない」（北海道第20条第4項）との違いが見られるが、市町村と連携した届出手続が採用されている。

　知事は、届出のあった土地の利用目的が、保全地域における適正な土地利用に支障があると認められる場合には、関係市町村長の意見を勘案し、当該届出者に対し、その土地の利用の方法、その他の事項に関し、助言をすることができることを規定している。

　この助言については、北海道条例は届出の有無に関わらず、土地所有者等に対して土地の利用方法等について、市町村の協力を得ながら助言することができることを啓発活動の一環としても行うことを規定している。

　また、群馬県条例（第10条）は森林の整備、保全について、森林の所有者等からの相談に応じ、必要な助言、指導、情報提供を行う方針を規定している。

　なお、北海道条例（第20条第5項）は、助言を行う際に、必要があると認められるときに、北海道水資源保全審議会の意見をあわせて聴くことについても定めている。

　保全地域内の土地については、助言内容を踏まえて土地取引行為を行う必要があるため、助言を受けた届出者は、権利取得者（買主）に対して、当該助言の内容を伝達しなければならないとの伝達義務を定めている（北海道条例第20条第7項、埼玉県条例第10条第2項）。

(10) 届出内容と届出のタイミング

　届出すべき項目は、土地売買等の契約に係る、①当事者の氏名、住所、②土地の所在及び面積、③土地の所有権等種別及び内容、④権利移転後における土地利用の目的、⑤契約を締結しようとする日、⑥その他規則で定める事項（契約の種類等）となっている。

　いずれの条例も、契約締結をしようとする場合に届出が必要としている

が、届出期限について、北海道（第20条）は「締結する日の3月前」までとし、埼玉県（第7条）、群馬県（第12条）はともに「契約を締結しようとする日の30日前まで」としており、届出の期限が大きく異なっている。

さて、条例上の届出は、条例制定自治体が土地の権利移転の実態を確認し、適正な土地利用に支障があると認められる場合には、助言を行うものであるが、こうした届出制度の中核となる「事前届出」や「助言」の法的性格をどの様なものとして解すべきであろうか。

行政法学における「行政行為」の分類に則して考えていくと、届出行為により、当該土地にかかる契約や土地の権利の帰属についての事実関係又は法律関係の存在を確定する「確認」、特定の事実又は法律関係の存否を公に証明する「公証」に該当するものではない。

また、農地法第3条による農地の権利移動の様に、売買等の契約についての効力発生を補充するもの（認可）ではない。

水源地保全条例に基づく「事前届出」は、行政行為の分類上の「届出」つまり、法令等で定められている特定の行為について一定の事項をあらかじめ通知するものと解すべきであろう。

また、「助言」については、一定の行政目的を実現するために特定の者に一定の作為、不作為を求める「行政指導」にあたるものと解されるであろう。この助言についてどの様な形でなされるのかは、条例上規定されていないため、行政手続条例に基づき取り扱われることになるであろう。

(11) 報告の徴収及び立入調査

保全地域内における届出内容の確認、土地所有者への助言や届出の勧告など、条例の運用にあたって各種情報を得ることが必要である。

このため、書類の閲覧、資料の提供、報告を求めることができることや、職員に対して、当該土地への立入、調査、関係者への質問権を付与する規定を各県とも定めている。

このうち制定自治体が、必要な報告又は資料の提供を求めることができる

と規定している者は、自治体によって異なっている。北海道条例（第21条）及び群馬県条例（第14条）は、保全地域内の土地所有者に対して求めることができるとしているが、埼玉県（第9条）は最も限定的であり、届出をした土地所有者に対してのみこれを認めている。

これに加え、行政機関においては、個人情報保護条例等により個人情報を外部提供してはならないとされ、法令又は条例に基づく照会の場合、外部提供をすることができることとされているが、市町村など他の行政機関に対する保全地域における土地所有者等に関する情報提供の依頼に係る根拠規定を北海道条例（第24条）は定めている。

(12) 勧告・公表

届出制度の実効性を確保する観点から、届出者等に対する勧告、公表、命令、さらには罰則を定めるかどうかについても大きな論点となる。

このうち「勧告」については、必要な措置を勧告できるとしているが、これを可能とする場合が自治体によって異なっている。

群馬県（第15条）、埼玉県（第11条）は保全地域内の土地所有者等を対象とし、①届出をせず又は虚偽の届出をしたとき、②報告をせず又は虚偽の報告をしたとき、③立入調査を拒み、妨げ、若しくは忌避し、又は質問に対して答弁をせず、若しくは虚偽の答弁をしたときに、必要な措置を講ずるよう勧告できるとしている。

これに対して、北海道（第22条）は「届出をせず又は虚偽の届出をした者」を対象とし、もっとも限定的な形となっており、②、③については対象としていない。

また、勧告に従わない場合は、あらかじめ当該勧告を受けた者に意見を述べる機会を付与した上で、その旨公表することができるとしている。

しかし、分析対象条例においては、土地取引の中止命令や売買の無効確認、さらには届出義務違反者等に対する罰則について規定していない。

(13) 水資源の保全に関する基本的施策

以上が、「事前届出制度」とこれを担保するための仕組みの概要であるが、北海道条例はこのほかに独自の規定を定めている。

前述のとおり、北海道条例は「水資源の保全に関する基本的施策」を定める枠組み条例（基本条例）としての機能も有しており、このための基本指針を策定することにより、水資源の保全に関する施策を総合的に推進するものとしている（条例第2章、第10～15条）。

この基本指針は、①森林の有する水源涵養機能の維持増進、②安全・安心な水資源の確保に向けた取組、③水資源の保全に対する理解の促進、④水資源の保全のための適正な土地利用の確保について定めるものであるが、各項目について講ずべき措置を次のとおり定めている。

森林の有する水源涵養機能の維持増進については、「水源の周辺における森林の特性に応じて、森林法に基づく保安林制度の活用、造林、保育等の森林施業の適切な実施その他の必要な措置を講ずるものとする」としている。

安全・安心な水資源の確保に向けた取組については、「公共用水域及び地下水における水質の汚濁の状況の監視、これらの水質に対する汚濁の負荷の低減に係る措置その他の必要な措置を講ずるものとする」としている。

水資源の保全に対する理解の促進については、「水資源の保全に対する道民、事業者及び土地所有者等の理解を促進するため、普及啓発その他の必要な措置を講ずるものとする」としている。

水資源の保全のための適正な土地利用の確保については、「この条例に基づく水資源保全地域に関する措置、国土利用計画法その他関係法令に基づく措置その他の必要な措置を講ずるものとする」としている。

この他にも必要な財政上の措置（予算の確保）に努めることを定めている。

これらの規定は、政策目標（方針）を示すのみで、法的拘束力を持たないプログラム規定であるが、水資源の保全全体を視野に入れ、その対処方針を示している点で、水源地域の土地利用の適正化という問題対処型の条例[6]に留まらない、大きな意義を併せもつと評価できるであろう。

これら施策の推進にあたっては、水資源保全地域に関する指針の策定、水資源保全地域の指定、水資源保全地域における土地取引行為に係る事前届出制の助言など、専門的見地を要する事項があることから、有識者による「北海道水資源保全審議会」を設置し、意見を伺うこととしている。
　この審議会は、合議制による知事の附属機関として位置づけられているが、北海道条例はこの根拠規定として、組織、所掌事項等について定めている。

(14) 水源地域保全条例の評価と課題

　これまで、水源地域保全条例の基本目標や理念、具体的な条文の内容、手続構造について分析を加えてきたが、条例制定にはどの様な意義があったのだろうか。
　条例制定自治体は、外資等の森林売買を契機とし、各保全条例の制定により、契約締結前の届出を義務づけ、個別の土地取引に対し、助言、勧告を行うことにより、土地売買の適正化を図ろうとするものであり、国土利用計画法や森林法よりも、より早期の段階で事案を把握しようとする点に特徴がある。
　また、ともすれば「水の消費者」としての地位に留まりがちな、住民、水源地の土地所有者、事業者に対し、水源地や水資源保全のための各主体の役割（責務）を規定することにより、水源地や水資源の有する機能とその現状について再認識することを求めている。
　これは、水資源や森林資源の保全と持続可能な利用について、責任分担を定めているともいえ、水の公共性を再定位（再認識）する意義を有しているのである。
　各自治体は、条例制定権の限界や条例に基づく財産権制限の許容性について、肯否両論の議論がある中で、水源地域の土地を保全していこうとする先進的な取り組みに対して敬意をあらためて表したいが、他方において、種々の問題点もある。
　第1は、事前届出制度と助言、勧告という、比較的弱い法的手法・手段により、水源地の土地利用の適正化を図っていこうとしている点である。こう

した規制的手法で十分かどうかは論点として残っており、今後の実務としては、条例の運用状況から、定期的に立法事実の各事項について見直しが必要であり、目的達成手段についても検証、再考していく余地があると思われる。

条例の立案にあたっては、目標達成のために用いようとする手段（規制手段）の必要性と合理性について、慎重な判断が求められる。

このため、未制定の自治体において同種の条例を立案していく場合には、利用目的が明確でない土地取得への規制により発生する不利益と、生命の源である水の確保という流域住民の生存権いずれを優先すべきか、各地域における事案の発生状況に即し、目的達成に向けて必要な規制手法とそれを担保するための制度のあり方を見極めていく必要がある。

第2は、水源地域における土地利用の適正化をどの様な立法形式により達成していくべきかという、立法政策の観点からの議論が必要である。

1つには、国土利用計画法の適用範囲を見直していくことや、「水循環基本法」制定の動き[7]に見られるような法律レベルでの対応が考えられる。

地方自治の原点は、自治体がその創意と工夫により独自の政策を企画し、創造的な条例を制定して地域の特色にあった具体的に随時展開することにある。こうした観点から、水源保全条例の制定自治体の取り組みを否定するものではないが、水源地域における土地利用の適正化を図る制度の実効性を確保していくためには、財産権の制限を不可避的に伴うだけでなく、県境に位置する森林等を保全していくには、穴ぬけのない形での条例制定が必要であるため、広域自治体間の連携、調整も必要となる。

穴ぬけのない形で、広域的な水源林を一律の規制の下で保全しようとする場合には、法律レベルでの規制のための枠組みづくりも一つの方法であろう。

この場合には、自治体条例の積極性と創造性を減殺しないよう留意するとともに、さらに進んで、自治体の創意により、今後新たに開発された手法の中から、法律による規制の方向性をくみ取り、運用経験を昇華していく視点が必要である。

第3は、水の循環過程を考え得た場合、構成要素の1つである森林とその

土地について着目し、その取引の可視化を図るための制度である点があげられる。

土地は地域を存立させている共通の基盤であり、森林は地域の第1次産業を支えるだけでなく、水源かん養など水を育む機能を有している。

埼玉県条例や群馬県条例のようなタイプの水源地域保全条例は、本来的な課題である、森林土地取得の適正化に対応しようとするものであり、これにより水源地域さらには水資源の保全に寄与する効果を期待しているものである。

今後は、北海道条例のような形により、水の循環過程全体をとらえた、水資源保全に関する種々の施策を総合的に推進するための条例が必要であろう。

現在の地域行政において水の利用管理は、水需給、水質の監視保全、治水、水道、農業用水、工業用水、下水道、地下水の規制保全、森林の保全再生、水辺環境の保全再生など個別に対応しており、必ずしも流域全体の将来像やその実現に向けた役割分担などを共有しているとはいえない状況にある。

水の循環の健全化を図るためには、水量、水質、水辺環境の保全再生など様々な水問題を解決していく必要があるが、横断的な内容をもつ枠組み条例は、地域における水に関する所施策を展開していく上での基礎となるものであり、有効な手段と考えられる。

北海道条例は、こうした条例の萌芽的な取り組みといえ、問題対処型の条例に留まらない大きな意義を有しているといえよう。

4　おわりに

本章では、北海道、埼玉県、群馬県が制定した水源地域保全条例について、逐条的に比較、分析し、条例の構造を解明するとともに、各条例の特徴や違いについての把握を試みてきた。

その結果、これらの条例は、契約締結前の届出を義務づけ、個別の土地取引に対し、助言、勧告を行うことにより、土地売買の適正化を図り、水源地域の

機能を保全しようとするものであり、国土利用計画法や森林法よりも、より早期の段階で事案を把握しようとする点に特徴があることを明らかにした。

　いずれの条例も平成 24（2012）年 10 月 1 日から事前届出制度をスタートさせたところであり、今後は条例の運用状況について注視していきたい。

　なお、本稿では、条例の構造等、政策展開の枠組みについて静態的な分析にとどまっているが、課題の背景にある、水源地域の再生や活性化ついて、実効性ある取り組みが必要なことはいうまでもない。

1) 平野・安田（2010）、東京財団（2009,2010,2011,2012）は、公益や安全保障などの観点から、外資等による国土資源（土地・森林・水）への投資等について直接的に監視、規制する法制度が未整備であることに警鐘を鳴らし、具体的な売買事例や、国土保全策、林業再生策について提言している。
　また、外国人や外国法人による山林等の土地買収には、日本人による名義貸しが横行しているとの報道もある（読売新聞平成 24（2012）年 4 月 26 日記事）。
2) 監視区域等では事前届出制がとられているが、実態として指定がない。
3) 林野庁長官通知（平成 24 年 3 月 26 日付け 23 林整第 312 号）
4) 北海道庁は、平成 23 年度において、①水資源の保全等に向けた土地取引に係る関係法令の整備（国土利用計画法の改正等）、②水資源の保全等に向けた土地所有情報に係る行政機関相互の情報共有、③水資源の保全に向けた関係法令の整備（水資源の保全に係る基本法の制定等）、④外国資本等による安全保障上重要な施設周辺等の土地取得規制に係る関係法令の整備、⑤市町村による水源周辺の土地取得に係る地方財政措置の拡充を国に対し要望している。また、群馬県は、国の来年度予算編成に向けた概算要求に先立ち、県選出国会議員と知事との県政懇談会において、水源地域の法令整備を要望している（読売新聞平成 24（2012）年 6 月 30 日記事）
5) 埼玉県は、この水源地域として県西部の秩父地域を中心とした 18 市町村、最大で 11 万 5 千 ha を想定している（msn 産経ニュース平成 24（2012）年 3 月 26 日配信）。群馬県は、この水源地域については、市町村や大字単位で指定する考えであり、県内の民有林のほぼ全て（21～22 万 ha）が指定される見込みであり、これは県内の森林面積（43 万 ha）の半分を占める結果となるようである。また申請件数としては年間 900 件程度を見込んでいる（上毛新聞平成 24（2012）年 6 月 8 日記事）。
6) 埼玉県知事は、平成 24（2012）年 2 月 7 日知事記者会見において、「埼玉県でもかなり綿密な調査をさせていただきました。具体的に登記等々も確認して、それからうわさ話なんかも含めて全部チェックをしました。特に山林関係のですね。今のところはうわさ話で決定打はなかったところでありますけれども、ダミー、つまり日本の会社を使って外国資本が山林を押さえるとか、あるいは水源地を押さえるということはありうるという判断で、できるだけそういうことについて自重していただくように、（略）決定的な差止めはできませんが、（著者注・条例制定による）抑止力は起こりうるので、これが一番のねらいで。少なくともいったん海外のダミー会社に押さえられてしまえば、なかなかそれを今度は買い戻すとかそういったことは難しくなってきますので、少なくとも埼玉県の山林や水源地は埼玉県民の共通の財産であるという認識

をオーナーの皆さんにも極力持っていただきたいと。こういう考え方にたったもの」と条例の性格を説明している。
(埼玉県庁 HP、http://www.pref.saitama.lg.jp/site/room-kaiken/kaiken240207.html#05参照)
　また、群馬県知事は、平成24（2012）年2月8日の知事定例記者会見において、外国資本による水源地周辺の土地取得問題について、関係部局に条例制定を視野に入れた対応の検討を指示したことや、早ければ県議会平成24年2月定例会における条例案の提出する考えを示し、「水源県として何ができ、どこまで（取引を）抑制できるか調べたい」との考えを述べている（群馬県庁 HP、http://www.pref.gunma.jp/chiji/z9000053.html 及び、朝日新聞、毎日新聞、産経新聞平成24（2012）年2月9日記事）、実際の提案、可決は平成24年5月定例会（5月25日開会）であるが、短期間での検討、成立となっている。これらの知事会見から伺えることは、具体的な事案の有無についてという問題状況は異なっているものの、いずれの条例も外国資本による水源地周辺の土地利用取得という問題対処型の条例となっているといってよいであろう。
7) 一部報道（msn 産経ニュース平成24（2012）年1月28日配信）によれば「外国資本による水源地や周辺地域の買収・乱開発が進む中、民主、自民両党は27日、国内の水資源保全に向け、水循環基本法案を今国会へ議員立法として提出する方向で調整に入った。水資源行政を統括する水循環政策本部を内閣官房に設置することが柱となる」との動きが報じられている。なお、脱稿後、平成26年7月「水循環基本法」が施行された。同法は、森林の保全、整備を含む健全な水循環の実現に資する施策などを定める基本法であり、森林買収対策にかかる規制措置を定めるものではない。

参考
埼玉県庁 HP　　http://www.pref.saitama.lg.jp/page/suigenhozen.html
群馬県庁 HP　　http://www.pref.gunma.jp/04/e3000073.html
北海道庁 HP　　http://www.pref.hokkaido.lg.jp/ss/stt/mizusigen/mizusigen.html
林野庁 HP　　　http://www.rinya.maff.go.jp/j/press/keikaku/120511.html

資料

外国人等の森林取得事例（地区別）

都道府県	市町村	届出年	譲受人	譲受人の住所地の国名	森林面積（ha）	利用目的
北海道	倶知安町	H18	法人	中国（香港）	16	資産保有・転売等目的
		H19	法人	中国（香港）	8	資産保有・転売等目的
		H19	法人	中国（香港）	12	その他
		H19	法人	英領ヴァージン諸島	3	商業施設（賃貸）
		H19	個人	ニュージーランド	50	現況利用
		H19	個人	シンガポール	7	その他
		H20	法人	中国（香港）	57	資産保有
		H20	法人	中国（香港）	4	その他
		H20	法人	英領ヴァージン諸島	2	資産保有・転売等目的
		H20	個人	シンガポール	3	資産保有・転売等目的
		H21	法人	中国（香港）	3	資産保有
		H22	法人	中国（香港）	2	資産保有・販売等
		H22	法人	中国（香港）	13	資産保有・販売等
		H23	法人	中国（香港）	0.9	資産保有
		H23	法人	英領ヴァージン諸島	1	資産保有
		H23	法人	英領ヴァージン諸島	2	資産保有
		H23	法人	英領ヴァージン諸島	4	資産保有
		H23	法人	英領ケイマン諸島	5	資産保有
	ニセコ町	H19	個人	インドネシア	5	住宅（販売）
		H19	個人	スイス	2	住宅（販売）
		H20	法人	中国（香港）	1	その他
		H20	法人	中国（香港）	1	現況利用
		H20	個人	シンガポール	1	資産保有・転売等目的
		H20	個人	シンガポール	3	その他
		H21	法人	中国（香港）	3	資産保有・転売等目的
		H21	個人	オーストラリア	6	資産保有
		H22	個人	中国（香港）	4	住宅（自用）
		H22	個人	中国（香港）	1	別荘（自用）
		H23	法人	シンガポール	9	資産保有
		H23	法人	シンガポール	2	資産保有
		H23	個人	ギリシア	2	資産保有
	留寿都村	H18	個人	オーストラリア	1	資産保有・転売等目的
		H18	法人	オーストラリア	18	資産保有・転売等目的
		H23	個人	シンガポール	0.4	資産保有
	蘭越町	H21	法人	中国（香港）	58	資産保有
		H22	法人	中国（香港）	1	資産保有・販売等
		H22	法人	中国（香港）	5	別荘（販売）
		H22	個人	ギリシア	5	資産保有・販売等
	砂川市	H21	法人	英領ヴァージン諸島	292	牧草地
	清水町	H21	法人	台湾	3	資産保有・転売等目的
	伊達市	H23	法人	中国（香港）	81	資産保有
	小計				41 件	697.3
山形県	米沢市	H22	個人	シンガポール	10	資産保有等
長野県	軽井沢町	H22	法人	英領ヴァージン諸島	3	別荘地造成
群馬県	嬬恋村	H23	個人	シンガポール	44	資産保有
神奈川県	箱根町	H22	法人	英領ヴァージン諸島	0.6	別荘（自用）
		H23	法人	中国（香港）	0.6	別荘敷地に隣接
		H23	法人	中国（香港）	0.3	別荘敷地に隣接
兵庫県	神戸市	H19	法人	アメリカ合衆国	2	現況利用
沖縄県	今帰仁村	H23	個人	中国	5	住宅（販売）

注）林野庁及び国土交通省の連携調査結果（平成18年1月～平成23年12月）から作成

第4章　利根川流域圏における「森林・水源環境税」の運用状況とその課題

1　はじめに

　平成12 (2000) 年4月に施行された地方分権一括法は、法定外普通税創設の際の許可制を事前協議制に改めるとともに、法定外目的税を創設するなど、財源面においても、地方自治体の課税自主権を充実、強化する改正を行っており、こうした流れを受けて、現在、地方自治体が課税自主権を活用し、独自の税制措置を導入する事例が増加している。

　このうち、地域の環境問題を解決するための「地方環境税」の創設は、税の仕組みとその運用が日常的なものとなり、受益者と負担者の関係が明確になることから、住民をはじめとする利害関係者の政策形成への参加を促すなど、地域の環境ガバナンスの構築につながることが期待されるところである。

　こうした取組みの中で、「森林・水源環境税」は、森林の公益的機能を維持、再生するための事業を地方自治体が行い、その費用負担を受益者である住民に求めるものが一般的であるが、神奈川県、茨城県のように、水源地域における生活排水対策など、各流域における水環境の保全再生事業の財源とする例も見られるところである。

　森林・水源環境税の活用が進展してきた背景には、日本の林業の衰退とそれによる森林の荒廃が進行し、森林の持つ公益的機能の低下が、国土の保全や生命の源である水の質的、量的側面に影響していくことが懸念されていることがある。

　森林生態系は、水循環、熱循環、物質循環に深く関わっており、これらの

循環を健全な形で維持していくためには、環境と森林の保全を一体的にとらえていく視点が必要である。このための政策群を有機的に実施していく場合には、水循環を構成する流域単位での対応が有効と考えられる。

　本章では、こうした問題意識の下、利根川流域圏に位置する広域自治体のうち、森林・水源環境税を導入している茨城県、栃木県、群馬県を分析事例とし、各県の制度概要を整理した上で、同税を活用した事業の評価システムの運用状況や、公表されている事業の実施成果について分析を加え、望ましい評価システムのあり方について考察していく。

2　森林・水源環境税とは

(1) 導入の背景

　森林には、木材生産機能の他、水源涵養機能、台風や大雨時の土砂災害防止機能、生物多様性の保全、夏の気温を低下させるなどの気候緩和機能、レクレーションの場の提供など、様々な公益的機能を有するといわれている。「森林・水源環境税」は、森林の有する公益的機能を維持、再生するための森林整備事業を地方自治体が行い、その費用負担を受益者である住民に求めるものである。

　森林・水源環境税は、平成15（2003）年4月に、高知県が導入して以来、森林の有する公益的機能の保全、再生を行うための費用調達の手段として活用が進んでいる。税の使途は、地域固有の問題意識を反映し、水源涵養や土砂災害防止などのための森林保全や里山の整備、木材利用促進などのハード事業から、森林環境学習、森林整備ボランティア支援などのソフト事業まで幅広い内容になっており、一部の自治体では、森林環境の保全に加え、水源地域の生活排水対策など、水環境の保全再生に対しても活用されている。

　こうした政策手法の活用が地方自治体において進展した背景には、第一に、森林の荒廃による公益的機能の減退をはじめとして、地球温暖化問題に付随する猛暑、渇水、局地的な集中豪雨等の異常気象の顕在化してきたこと

への対応、第二に、厳しい状況にある地方財政の健全化や、地方分権の進展による地方独自税の創出の動きなどが指摘されている（秋山, 2004, p.5 など）。

(2) 森林・水源環境税をめぐる議論の展開

森林・水源環境税をめぐっては、財政学や環境経済学を中心に議論が展開されてきており、受益と負担の原則や税原則の観点から、課税方式について「水道使用量に基づく法定外目的税方式」と「住民税に超過課税する方式」の2つの可能性が議論されてきている（伊藤, 2005, p.3）。

前者は、地方分権一括法によって創設された法定外目的税を活用し、水道事業者が徴収する水道料金と併せて賦課徴収を行う方式である。この方式は、水源地の持つ公益を水道利用者がその使用量に応じて負担することが望ましいとの考え方から主張されるものであり、課税標準を水使用量とすることから、受益と負担の関係が明確となる。

この方式を採用する場合は、税の賦課徴収にあたり、水道事業者の協力が不可欠であるが、その協力が得られなかったことや、徴収コストの点から、現在導入されている森林・水源環境税はいずれも後者の超過課税方式が採られている（高井, 2007, p.39 など）。

後者は、地方税法で認められてきた超過課税方式を活用し、法定普通税である住民税の超過課税により徴収しようとする方式である。この方式は、森林全体がもたらす公益は住民全員に帰着するものであり、多くの住民が負担すべきであるが、受益の程度は個別に計測することが困難であるため、均等に負担していくことが適当であるとの考え方から主張されるものであり、所得が課税標準となっている。

森林・水源環境税を初期に導入した高知県や神奈川県の検討過程において、森林・水源施策の費用負担のあり方について、「参加型税制」や「応益的共同負担」という考え方[1]が提示され、超過課税方式による同税が正当化され、新たな地域環境政策の展開として、積極的な評価がなされ全国に普及している（其田, 2012, p.116）。

また、国と地方公共団体、さらには地方公共団体間の水平的協力のあり方など、政府間機能の配分の問題としての分析や、上流地域から下流地域を含めた流域全体のガバナンスを検討する視点から、森林・水源環境税を捉えなおし、統合的水資源管理（IWRM）の理念を踏まえた、持続可能な流域ガバナンスの費用負担と参加のあり方についての検討も試みられている（藤田 2009、諸富・沼尾 2012 など）。

(3) 本稿における問題意識

　森林・水源環境税は、産業廃棄物税などの価格インセンティブによって環境負荷を削減させるインセンティブ型の地方環境税とは異なり、財源調達のための応益課税であるが、森林の公的機能の利益を広く住民が享受していることから、その保全、再生のための費用負担を租税という形で、広義の受益者である住民に共同負担を求める点にその特徴がある。

　既存の租税負担以上の負担を住民に求め、特別な環境保全策を推進しようとするものであることから、追加的な施策の必要性について理解を求め、使途についてその施策に沿ったものとなっているのか等について住民に公表し、意見を求めることが重要になってくることが指摘されている（其田, 2012, p.114）。

　こうした特性を持つ税制度の運用にあたっては、税収の使途、実施事業の効果（成果）の把握が重要なポイントとなる。本章の検討課題は、森林・水源環境税を活用して実施される事業の評価システムのあり方を検討することだが、政策評価を中核とした参加システム（参加型政策評価システム）を構築していくことは、次のような意義があると考えている。

　第1に、税導入後の実施事業の評価手法を確立していくことは、課税そのものの必要性に関わる問題、つまり、非効率な事業や効果の薄い事業が実施されないよう事業内容をチェックするなど、制度運用上の要となるものである。

　第2に、市民参加を実効性のあるものにするためには、利害関係者と行政が対等な立場で政策プロセスに関与していくことが必要である。

森林、水資源・環境をめぐっては、様々な利害関係者が異なる利害を持っており、当該政策を実施していく上において、多様な利害の調整を行っていく必要がある。この前提として、共通言語となる政策評価情報を提供し、関係主体の意思決定、住民参加システムとの結び付きを作り出していくことは、森林・水源環境税制度への市民参加を体系的かつ具体的に進展させるなど、流域ガバナンスの確立にも寄与していくとともに、関連施策、事業のイノベーションを担保していくことが期待されるのである。

なお、ここでいう政策評価情報は、当該政策の前提となる問題の所在や新たな政策へのニーズに関する情報、政策の実施状況に関する情報、事業の達成成果や事業のもたらす各種影響等を想定しており、評価作業を体系的に進めていくための評価情報の指標化や、目標値の設定が基礎的な課題となる。

第3に、森林・水源環境税の活用が進展してきた背景には、日本の林業の衰退により、森林の荒廃が進行し、森林の持つ公益的機能の低下が国土の保全や、生命の源である水への質的、量的側面に影響していくことが懸念されていることがある。森林生態系は、水循環、熱循環、物質循環に深く関わっており、水循環の健全性を維持していくためには、水環境と森林を一体的にとらえ、多様な政策群を有機的に実施していく場合には、水循環を構成する「流域」を単位とする広域自治体の連携による対応が有効と考えられる。

流域内に位置する地方自治体が水平的な協力関係を構築していく上で、参加型政策評価システムの構築は、流域環境の現状把握やベストプラクティスの共有、さらには自治体間の協力関係の基盤となるものである

以上の問題意識に立ち、本章では利根川流域圏内の自治体（茨城県、栃木県、群馬県）の制度概要を整理した上で、その評価システムの運用状況や、公表されている事業の実施成果について分析を加え、望ましい評価システムのあり方について考察していくものとする。

3 利根川流域圏における制度運用状況と課題

(1) 森林湖沼環境税（茨城県）の概要
①制度の導入目的

　茨城県では、県北地域や筑波山周辺における森林、霞ヶ浦を始めとする湖沼・河川などの自然環境が有する公益的機能を良好な状態で次世代に引き継ぐため、平成20（2008）年度から平成24（2012）年度までの5年間を課税期間とする「森林湖沼環境税」を導入した。これまで、この財源を有効に活用して、荒廃した森林の間伐や高度処理型浄化槽の設置促進など自然環境保全のための取組みを行ってきたが、平成24（2012）年度中において、事業効果に対する検証や森林環境税に対する県民意識などに基づき、平成25（2013）年度以降のあり方について検討が加えられた。この結果、未だに荒廃した森林が多く残っていることや、霞ヶ浦流域や涸沼・牛久沼流域などにおいては、更なる水質の改善が必要であることなどから、課税期間を平成29（2017）年度まで5年間延長し、森林、湖沼、河川等の環境保全のための取組みを更に進めていくこととしている。

　同税は、「茨城県森林湖沼環境税条例（平成19年12月25日茨城県条例第62号）」（以下「茨城県税条例」という。）に基づき課税されており、「水源のかん養、県土の保全，地球温暖化の防止その他の森林が有する公益的機能並びに利水、水産、公衆の保健その他の湖沼及び河川が有する公益的機能の重要性にかんがみ、県民の理解と協力の下に森林並びに湖沼及び河川の環境の保全に資する施策の一層の推進を図る」ことを制度の趣旨としている（茨城県税条例第1条）。

　つまり、茨城県の森林湖沼環境税は、a.森林や湖沼・河川の公益的機能を発揮させるための取組みを緊急かつ確実に推進するための財源の確保と、b.県民に新たな負担を求めることにより、県民が森林や湖沼・河川の公益的機能の重要性を再認識し、自ら支えていく意識の高揚の2つを目的としてい

②森林湖沼環境税の仕組み

茨城県では、森林や湖沼・河川の公益的機能は多岐にわたることから、恩恵を享受している全ての県民（個人・法人）に広く等しく負担してもらうとの考えに立ち、県民税の均等割への超過課税（上乗せ）方式をとっている（茨城県, 2007, p.13）。

具体的な超過課税税額は、表1のとおり、個人に対しては個人住民税の均等割額に一定額（1,000円/年）の超過課税を行う一方で、法人に対しては、均等割額に標準税額の一定率（均等割額の10%）を超過課税している。

茨城県税条例に基づく課税のための基本的な仕組みは、図1のとおりであるが、徴収された税は「茨城県資金積立基金条例」に基づき管理されている。

③森林湖沼環境税の使途と期待される効果

茨城県は、森林湖沼環境税について、約16億円／年の税収を見込んでいるが、栃木県、群馬県と異なり、森林環境保全と霞ヶ浦等湖沼・河川の水質保全の2つを税収の使い道として予定している。本稿では、流域環境のガバナンス確立の視点から分析を行っているため、後者の湖沼・河川の水質保全について紹介していくが、制度創設にあたり必要な事業費として年間約8億円を積算している（表2参照）。

この内訳を見ていくと、表2のとおり、生活排水等の汚濁負荷量を削減する点源対策に約4億円、農地や市街地からの流出水への対策（面源対策）に約3.6億円、県民参加による水質保全活動の促進、県民意識の醸成を図る事業として約0.4億円を所要額としており、具体的には表3の事業メニューが実施されている。

茨城県は、新税導入前からの事業を継続して実施することにより、COD△0.4mg/L、全窒素△0.17mg/L、全リン△0.007mg/Lの水質改善が期待できるが、新税による新たな事業（表2、3）の実施により、COD△0.2mg/L、全窒素△0.05mg/L、全リン△0.001mg/Lの水質改善が追加的に期待できるとし、5年後の水質をCOD7.0mg/L、全窒素0.88mg/L、全リン0.092mg/L

表1 「森林・水環境税」の税率設定状況

自治体名	個人	法人	税収見込額（年額）
茨城県	1,000円/年	均等割額の10% （2,000～80,000円）	16億円
栃木県	700円/年	均等割額の7% （1,400～56,000円）	約8.3億円
群馬県	700円/年	均等割額の7% （1,400～56,000円）	約8.2億円 （個人約6.6億円） （法人約1.6億円）

出典）各県HPを参照し、著者作成

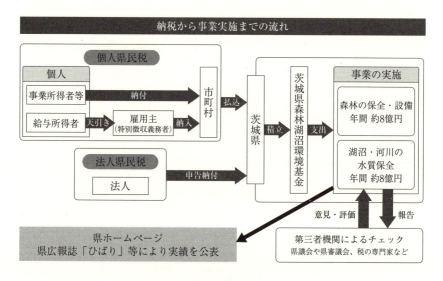

図1　茨城県の「森林湖沼環境税」スキーム

出典）茨城県庁HPから転載
(http://www.pref.ibaraki.jp/bukyoku/soumu/zeimu/shinzei/index.htm)

を実現できるとしている（茨城県, 2007, p.15）。

④森林湖沼環境税を活用した事業の実施状況

　茨城県の森林湖沼環境税を活用した事業の評価システムは図2のとおりである。

　評価主体は事業担当課であり、既存の「事務事業評価制度」等に基づき、

表2 新税で付加する事業（霞ヶ浦等湖沼・河川の水質保全）

	項目	H19（歳出）一財	現在の主な事業	県事業費（年平均額一財）	新税で付加する事業（案）
点源対策	生活排水対策事業（下水道、農集排、浄化槽等）	(4,566) 294	・下水道、農業集落排水施設等整備 ・高度処理型浄化槽設置補助（H18実績367基）	295	・高度処理槽設置補助の拡充（補助増額＋基数増加、年平均800基） ・単独処理槽撤去促進（年平均400基）など
	工場・事業場対策	(728) 67	・工場、事業場への指導、立入調査等	53	・工場、事業場系排水処理施設の整備促進 ・指導、立入検査等の監視体制強化
	畜産系対策	(223) 22	・堆肥化施設、負荷軽減施設の整備補助	52	・たい肥化、負担軽減施設整備費補助の拡充等（国補上乗せ、県単独補助制度創設等、5年間で65箇所）
面源対策等	面源対策（農地対策、市街地対策）	(42) 42	・環境にやさしい農業の推進（減肥、減農薬など営農指導主体）	360	・循環潅がい等による水田、ハス田からの負荷削減対策を推進（整備目標面積：5年間で約3,000ha） ・市街地排水負荷削減施設の整備
	水産系対策	(223) 74	・水性植生帯の整備、外来魚駆除		
	河川、湖沼対策	(2,752) 275	・底泥浚渫、導水事業など		
	自然環境保護	(65) 14	・自然公園整備、流域の平地林整備等		
広報啓発等	報・啓発・浄化活動	(125) 101	・霞ヶ浦入門講座等 ・霞ヶ浦環境科学センター展示、運営 ・条例改正による規制強化に伴う広報啓発活動	40	・市民活動支援の拡充（機材貸出、技術支援、ネットワーク化） ・小中学生対象の環境体験学習
	水質浄化に関する調査研究	(351) 219	・霞ヶ浦環境科学センター等での調査研究		
		(9,075) 1,108		800	

出典）茨城県（2007）p.15から引用

自己評価がまずは行われている。この後に、関係する森林審議会や環境審議会、さらには県議会（常任委員会）がチェックする形をとっている。

　評価システムの概要は以上のとおりであるが、次に、平成20（2008）～24（2012）年度の5年間における実績についてみていくことにする。

　茨城県は、森林湖沼環境税を活用した事業の計画と実績をホームページ上で毎年度公表しており、平成24（2012）年度の公表資料によれば、表4のとおり、5年間の税充当額は3,474,672千円（約694,934千円／年平均）となってお

表3　茨城県が想定する税収の使い道（霞ヶ浦等湖沼・河川の水質保全）

事業区分	主な取組み
生活排水などの汚濁負荷量の削減（点源対策）	・窒素、りんをより多く除去できる高度処理型浄化槽の設置補助 ・下水道、農業集落排水施設への接続補助 ・水質保全相談指導員による工場・事業場への立入検査 ・たい肥保管庫の整備等によるたい肥の霞ヶ浦流域外への流通促進 ・家畜排せつ物を燃料として利活用するためのモデル農場の設置　等
農地からの流出水への対策（面源対策）	・農業排水を用水として再利用する循環かんがい施設の整備、管理
県民参加による水質保全活動の推進（県民意識の醸成）	・市民団体に対する活動資機材の無料貸出、活動費補助 ・霞ヶ浦における湖上体験学習の実施 ・ヨシ帯の保全活動を行う団体への支援　等
水辺環境の保全（湖水・河川対策）	・公募した水質浄化技術による実証試験の実施 ・未利用魚の回収による魚体を通じた窒素、りん回収 ・アオコの発生抑制、回収の実施 ・土浦港における浄化施設を用いた水質改善及び効果検証 ・水質改善に向けた調査研究

出典）茨城県庁HPを参照し、著者作成

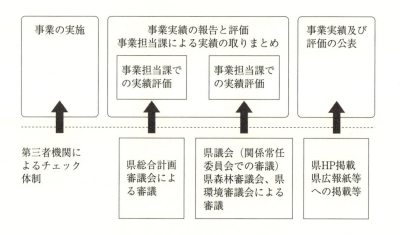

図2　茨城県の評価システムの概要

出典）茨城県（2012）参考資料編p.5を参照し、著者作成

表4 平成24（2012）年度の事業全体の実績・成果

H24年度の年間負荷削減量（増加分）合計	H20～24の負荷削減量（増加分）合計
H24年度税充当額　1,044,318千円 COD：約73.9t 全窒素：約46.9t 全りん：約3.78t 　→平均的な家庭約10,600世帯分の年間排出量（COD）に相当	5年間の税充当額　3,474,672千円 COD：約289t 全窒素：約170t 全りん：約12.2t 　→平均的な家庭約41,300世帯分の年間排出量（COD）に相当

出典）茨城県庁HP掲載資料を参照し、著者作成
（http://www.pref.ibaraki.jp/bukyoku/seikan/kantai/lake/kankyozei.html）

り、各種事業の実施により、平均的な家庭約41,300世帯分の年間排出量（COD）に相当する負荷を削減したと推計している。

　茨城県が実施した各種事業のうち、点源対策の実績・成果（表5）について、「霞ヶ浦流域等高度処理型浄化槽補助事業」を例に見ていくことにする。

　この事業は、高度処理型浄化槽の設置促進のため、設置者の負担額が通常型浄化槽と同等となるよう上乗せ補助や、単独処理浄化槽から合併処理浄化槽への転換を促進するため、撤去費用の補助を行うものであるが、平成24（2012）年度単年度で、1,338基の高度処理浄化槽の設置補助を行っており、5年間で6,089基の補助実績を有している。また、撤去費用の補助については5年間で2,539基の実績を有している。

　これらの実績数値から見て、高度処理型浄化槽の設置や単独処理浄化槽からの転換が着実に進んでいるようである。これらの取組みの成果として、茨城県は、事業実施による年間負荷削減量を推計しており、平成24（2012）年度事業の成果として、CODを約3t、全窒素を約5.3t、全りんを0.49t削減したとしている。

(2) とちぎ元気な森づくり県民税（栃木県）の概要
①制度の導入目的

　栃木県は、平成20（2008）年4月から「とちぎの元気な森づくり県民税」を導入している。同税は、「とちぎの元気な森づくり県民税条例（平成19年7

表5 平成24年度「点源対策事業」の実績・成果

事業区分（事業名）		H24計画	H24実績	H20～24実績
①生活排水などの汚濁負荷量の削減（点源対策）		553,691千円		2,398,004千円
霞ヶ浦流域等高度処理型浄化槽補助事業		設置補助 1,286基	設置補助 1,338基	設置補助 6,089基
		撤去補助 790基	撤去補助 612基	撤去補助 2,539基
		※年間負荷削減量 COD：約3トン 全窒素：約5.3トン 全りん：約0.49トン		
湖沼水質浄化下水道接続支援事業		1,940件	1,762件	4,814件
農業集落排水施設接続支援事業		430件	334件	959件
		※年間負荷削減量 COD：約36トン 全窒素：約14トン 全りん：約1.45トン		
排水処理施設りん除去支援事業		58施設	34施設	34施設 (H24年度開始)
		※年間負荷削減量 全リン：約0.69トン		
霞ヶ浦・北浦点源負荷削減対策事		550事業所	474事業所	2,785事業所
		※年間負荷削減量 COD：約5.9トン 全窒素：約5.0トン 全りん：約0.77トン		
霞ヶ浦流域畜産環境負荷削減特別対策事業		15箇所	13箇所	52箇所
		※年間負荷削減量 全リン：約0.69トン		

出典）茨城県庁HP掲載資料を参照し、著者作成
　　　(http://www.pref.ibaraki.jp/bukyoku/seikan/kantai/lake/kankyozei.html)

月3日栃木県条例第40号）」（以下「栃木県税条例」という。）に基づき課税されており、「県土の保全、水源のかん養、地球温暖化の防止等すべての県民が享受している森林の有する公益的機能の重要性にかんがみ、県民の理解と協力の下にとちぎの元気な森を次代に引き継いでいくための施策に要する経費の財源を確保する」ことを制度の趣旨としている（栃木県税条例第1条）。制度施行後5年が経過し、平成23（2011）年6月から平成24（2012）年12月の間に11回の検討会を行い、5年間の延長が図られている。

②森づくり県民税の仕組み

　課税のための基本的な仕組みは、栃木県税条例に定められているが、茨城県と同様に、課税方式は、県民税の均等割への超過課税（上乗せ）方式をとっている。納税義務者は、県民税の均等割と同じであり、県内に住所・家屋敷等を有する人、県内に事務所、事業所などを有する法人となっている。税率は前出表1のとおりであるが、個人に対しては700円／年の超過課税を行う一方で、法人に対しては、均等割額の7％を超過課税することとしている。

　栃木県は、これにより約8億円／年の税収を見込んでいるが、徴収された税収相当額と併せて、とちぎの元気な森づくり事業の趣旨に賛同した者からの寄附金を「とちぎの元気な森づくり基金」として積立てし、他の財源と区分して管理し、事業の財源に充てることとしている。

③森づくり県民税の使途

　栃木県税条例第2条において、想定する税収の使い道を「とちぎの元気な森づくり事業」と呼称しているが、a.森林の有する公益的機能が持続的に発揮されるための森林の整備に関する事業、b.森林をすべての県民で守り育てることへの理解と関心を深めるための事業、c.施策を推進するために知事が必要と認める事業の3事業を税収等の使途として想定している。

　この内訳を見ていくと、表6のとおり、間伐、利用間伐、獣害対策など、とちぎの元気な森づくり奥山整備事業に約4.7億円、里山林の整備、管理など、明るく安全な里山整備事業に約2.2億円、森を育む人づくり事業に約1.4億円を予定している。

④森づくり県民税を活用した事業の実施状況

　元気な森づくり県民税により実施した事業は、毎年、「とちぎの元気な森づくり県民税事業評価委員会」において評価し、その結果を毎年9月頃に公表している。

　この評価は「有効性」、「効率性」、「進ちょく度」の3つの視点（指標）により行われている。「有効性」とは、事業実施に伴いどれだけ効果があったかについての評価であり、森林の持つ公益的機能の発揮度、地域住民等の意

表6　栃木県が想定する税収の主な使途と実績

事業区分	主な取組み	平成23年度実績
とちぎの元気な森づくり奥山整備事業〈想定事業費 4.7億円／年〉	間伐、利用間伐、獣害対策（剥皮対策、忌避剤塗布）	実績額484,219千円 [57.1%]　間伐面積 2,424ha（15市町65箇所）獣害対策面積 200ha（5市町464箇所）森林バイオマス利用モデル面積 39ha（5市町6箇所）
明るく安全な里山整備事業〈想定事業費 2.2億円／年〉	里山林整備事業 ①地域で育み未来につなぐ里山林整備 ②通学路等の安全安心のための里山林整備 ③野生獣被害軽減のための里山林整備 里山林管理事業	実績額233,846千円[27.6%] 整備面積　478ha（全市町102箇所）
森を育む人づくり事業〈想定事業費 1.4億円／年〉	学習机・椅子・木製ベンチ配布 木の香る環境づくり支援 森づくり活動地域支援 特色ある緑豊かな地域推進事業	実績額55,972千円[6.6%] 木製学習机・椅子配布数 1,800セット（15市町50校）木製ベンチ配布数 500基（26市町127校）

出典）栃木県庁HP掲載資料を参照し、著者作成
（http://www.pref.tochigi.lg.jp/d01/eco/shinrin/zenpan/genkinamoridukuri.html）

識の変化などを数値化し、アンケート調査により分析、評価が行われている。「効率性」とは、投入費に対してどれだけの事業を行ったかについての評価であり、一定の事業量を行うために要した事業費により分析・評価が行われている。「進ちょく度」とは、計画に対してどれだけ事業が行われたかについての評価であり、計画の値に対する実績の値などにより分析、評価が行われている。こうした指標に基づく評価に加え、一種の総合評価として、今後に向けた課題や全体評価などの意見についても公表されている。

「とちぎ元気な森づくり奥山林整備事業」のうち、手入れの行き届いていないスギ・ヒノキの人工林の間伐を行うための事業である、間伐事業についての評価結果の例を示したものが表7である。

表7　平成23年度間伐事業の評価結果

評価項目	評価結果
有効性	（便益計算を行った結果）172千円/haの森林整備費に対して、洪水防止や土砂流出防止など1,627千円/haの便益が得られたことから、事業の有効性が認められる。
効率性	1ha当たりの整備費は、類似事業に取り組んでいる他県と比較すると、間伐率や作業路の有無など整備内容に違いがあるものの、他県よりも安価となっており、効率性は確保されている。
進ちょく度	計画面積2,380haに対し、2,424haを整備し、計画を上回る間伐が進んだ。
平成23年度事業の評価	15年以上手入れがされず機能の低下した、2,424haの森林における間伐と（略）により、森林の公益的機能が増加した。
今後に向けた課題	間伐については、間伐材の有効活用など国の施策動向などを踏まえた見直しを検討する必要がある。
評価	当該事業は、概ね効果的、効率的に執行されており、計画通りに進ちょくしているものと認められる。

出典）栃木県（2012）pp.3-4の一部を抜粋

(3) ぐんま緑の県民税（群馬県）の概要
①制度の導入目的

　群馬県の森林水源環境税は、県民に広く知ってもらうための通称として「ぐんま緑の県民税」を使用している。

　同税は、「森林環境の保全に係る県民税の特例に関する条例（平成25年3月26日群馬県条例第12号）」（以下「群馬県税条例」という。）により定められているが、「本県の森林が水源の涵(かん)養、災害の防止等の公益的機能を有し、全ての県民がひとしくその恩恵を享受し、次の世代に継承すべきものであることに鑑み、県民共有の財産である豊かな森林環境を適切に整備し、及び保全していくための施策に要する経費の財源を確保する」ことを制度の目的としている（群馬県税条例第1条）。

　茨城県、栃木県が既に5年以上の運用実績を持つのに対し、「ぐんま緑の県民税」は平成26（2014）年4月1日から施行され、分析対象とした利根川流域圏の中で最も遅い制度導入となっている。

②ぐんま緑の県民税の仕組み

　課税のための基本的な仕組みは、群馬県税条例に定められているが、課税方式は、茨城県、栃木県と同様に、県民税の均等割への超過課税（上乗せ）

方式をとっている。

納税義務者は、県民税の均等割と同じであり、県内に住所・家屋敷等を有する人、県内に事務所、事業所などを有する法人となっており、税率は、表1のとおり栃木県と同額であるが、個人に対しては700円／年の超過課税を行う一方で、法人に対しては、均等割額の7％超過課税を行うこととしている。

群馬県は、これにより約8.2億円／年の税収を見込んでいるが、この内訳は個人が約6.6億円、法人が1.6億円となっている。また、徴収された税に加え、森づくり事業に対する寄附金を「ぐんま緑の県民基金」として積立てし、他の財源と区分して管理し、森づくり事業の財源に充てることとしている。

③ぐんま緑の県民税の使途

群馬県が想定している税の使途の内訳を見ていくと、表8のとおり、水源地域等の森林整備に約5.3億円、ボランティア活動・森林環境教育の推進に約0.2億円、市町村提案型事業に約2.6億円等を予定している。

④制度導入過程における議論について

群馬県においては運用実績がないため、税収の活用状況等についての分析がかなわないため、制度の導入過程における議論について見ていくことにする。

a．みどりの県民税導入以前の取組み

群馬県では、昭和46（1971）年度に「利根川上流水源かん養についての意見書」を県議会が議決して以降、利根川下流の都県や国に対し、森林整備を目的とした応益分担制度の確立や、財源措置を継続して要望してきたが、下流都県の住民からの税又は費用の負担という形では、実現していない状況にある。

この応益分担を求めてきた一連の取組みの成果として、平成8（1996）年度に水源宝くじの創設を関東知事会、国に対して要望し、「グリーンジャンボ宝くじ」の創設が翌年には実現し、収益金の一部が県内の森林整備に充てられる形となった。

これは、毎年3月に販売されている、グリーンジャンボ宝くじの売り上げ

表8　群馬県が想定する税収の使い道

事業区分	主な取組み
水源地域等の森林整備 〈想定事業費 5.3億円／年〉	・地理的、地形的な条件により林業経営が成り立たず放置されている条件不利な森林（人工林）の整備 ・簡易水道等の上流に位置する森林の整備 ・松くい虫被害林の再生
ボランティア活動・森林環境教育の推進 〈想定事業費 0.2億円／年〉	・ボランティア情報の収集と提供、指導や機材の貸出など、一体的なサポートを行うボランティアセンターの整備 ・森林環境教育を推進するため、専門知識を有した指導者の育成 ・森林の重要性などの普及啓発
市町村提案型事業 〈想定事業費 2.6億円／年〉	市町村やボランティア団体などが行う事業を支援 （事業内容例） ・平地林の整備、里山・竹林の整備 ・貴重な自然環境の保護・保全 ・森林の公有林化 ・その他、市町村が必要とする事業
制度運営に係る事業 〈想定事業費 0.1億円／年〉	・事業内容の検討、実績評価、効果検証を行う第三者機関運営 ・ぐんま緑の県民税制度の普及啓発

出典）群馬県庁HP掲載資料を参照し、著者作成
　　　（http://www.pref.gunma.jp/04/e3000101.html）

に応じて配分されるものであるが、過去3カ年の実績では、平成21（2009）年度は約5,300万円、22（2010）年度は約5,500万円、23（2011）年度は約6,000万円となっている[2]。

　分析対象とした利根川流域圏自治体の中で最も遅い制度導入となった理由としては、こうした取り組みへの期待があったものと思われる。

b. みどりの県民税の導入過程における議論

　「ぐんま緑の県民税」導入に当たっては、学識経験者などからなる「森林環境税制に関する有識者会議」を平成24（2012）年5月15日に設置し、全6回の会議の中で税導入の是非や使途について議論が行われ、平成24（2012）年11月30日に「森林環境税制に関する有識者会議報告書」が知事に提出されている。

　この有識者会議の結論を導く議論の過程では、新税導入そのものに対する反対意見や水質浄化対策を盛り込むことへの反対意見、使途についての様々な意見、また厳しい社会・経済情勢や増税が重なる時期に税を導入することに対して慎重な意見などが出される一方で、県民によって地域的課題を解決

する一つの方法として導入すべきとする積極的な意見も多く出された。

最終的には「(仮称)ぐんま森林・水環境税」として提言され、森林環境の保全、水環境の保全、市町村提案型事業等(ぐんま森林・水環境税推進事業)の3事業に当該税収を活用することが提言されている(群馬県, 2012, pp.6-7)。

このうち、水環境保全関連の事業を具体的に見ていくと、A. 住民参加による身近な水環境の再生(住民参加型生活排水対策事業(廃油回収・河川愛護活動等)、B. 汚濁発生源対策促進事業(単独処理浄化槽の合併処理浄化槽への転換)、C. 親水せせらぎ再生事業(街中の小川等の周辺環境整備)を想定しており、5年間で4億円程度の事業規模を見込んでいた。

有識者会議と並行し、群馬県議会の「森林環境税導入に関する特別委員会」(平成24(2012)年5月設置)においても森林・水源税が審議され、その結果は「森林環境税導入に関する提言(平成24年11月28日提言)」としてとりまとめられている。同提言中において、「事業内容は、森林環境税の趣旨を踏まえ、奥山・水源地域の人工林や里山平地林・竹林の整備、森林ボランティア活動の支援等とすること」や、「森林環境の保全の他に、水環境の保全の重要性についても審議されてきたことを踏まえ、汚水処理対策については既存事業の拡充、新たな制度の導入など積極的な対策を緊急に講じ、汚水処理目標の一日も早い達成に努める」とされ、水環境保全関係については、税収活用事業から除外される結果となった。

群馬県では、これらの報告書、提言を踏まえて「ぐんま緑の県民税(仮称)制度案」を策定し、平成24(2012)年12月17日に公表した。その後、県内3箇所(151名参加)において県民公聴会を開催し、制度案に関する意見聴取を行ったほか、県民意見提出制度(パブリック・コメント)に基づき、意見募集を行った。

これらの意見も踏まえて、平成25(2013)年2月定例県議会に「森林環境の保全に係る県民税の特例に関する条例案」及び「ぐんま緑の県民基金条例案」を上程し、同年3月19日に議決されたのである。

税収を活用した事業の評価については、大学教授等の学識経験者、森林の

現状をよく知る森林所有者のほか、市町村、労働者団体、消費者団体、経済団体からの推薦により決定した10名の委員で構成される「ぐんま緑の県民税評価検証委員会」が行うこととなっている。同委員会においては、ぐんま緑の県民税事業の内容検討・助言、ぐんま緑の県民税事業の実績評価・効果検証、市町村提案型事業の選定における助言を行うこととしているが、制度導入前のため、この点については、別の機会に譲ることとしたい。

(4) 利根川流域圏自治体の実施状況から見た課題

茨城県、栃木県における事業評価システムの特徴をまとめると、既存の「事務事業評価制度」等のスキームが活用され、事業担当課による自己評価がまずは行われ、この評価結果案に基づき、関係する審議会（茨城県）や事業評価委員会（栃木県）が、事業の実施状況、成果等をチェックする形をとっている。つまり、自己評価と外部評価によるダブルチェックが行われている。

また、評価結果の客観性（透明性）については、ホームページ等への実績・成果の公表により、住民をはじめ、外部の様々な関係団体や専門家が個別にチェックすることを通じて確保される形となっている。

森林・水源環境税は、既存の租税負担以上の負担を住民に求め、特別な環境保全対策を実施しようとするための制度である。税収を活用した実施事業の評価手法を確立していくことは、課税そのものの必要性や、実施事業の効果の把握など、制度運用上の要にかかわる重要な問題である。

評価は一般的に2つの目的を持つことが知られている。第1は、評価を通じて得られた実績、成果情報に基づいて、評価対象となる行政活動（政策、施策、事務事業）や関係主体の活動を改善していくことが主な目的となる。第2は、税金等の行政資源が計画したとおりに使用されたかどうかや達成した成果について、ステークホルダーに報告、公表することにより「説明責任（accountability）」を果たしていくことである（三好, 2008, p.6）。

これらの2つの評価目的は多くの部分で重なるものの、評価手法が異なることが多いのである。前者の改善を主とする評価は、対策の実施過程全般を

視野に入れ、実施プロセスの検証や、発現した成果と対策の因果関係を検証する等により、成果を把握していくものである。

これに対し、後者の説明責任を果たしていくことを目的とする評価は、対策を実施した結果として何が達成されたのか把握し、設定した目標と比較することにより、期待どおりであるのかを判断していくものであり、実績の測定、評価とその説明が中心的な作業となるが、茨城県、栃木県においては、このタイプの評価が活用されているものといえよう。

森林・水源環境税の有する参加型税制の側面を担保していく場合には、こうした評価が実施されていくことが適当であろうが、税制導入の趣旨である、森林の有する公益的機能を維持、再生するための森林整備事業を効果的に実施し、水循環の健全化に寄与していくためには、前者のタイプの評価手法の活用が検討されてもよいのではないだろうか。

4　おわりに

本稿では、利根川流域圏の自治体（茨城県、栃木県、群馬県）が運用する森林・水源環境税を事例として、各県の制度概要を整理し、同税を活用した事業の評価システムの運用状況や、公表されている事業の実施成果について分析を加え、望ましい評価システムのあり方について考察してきた。

その結果、茨城県、栃木県の事例では、住民等のステークホルダーに対して税収の使途や、事業実績を報告、公表することにより「説明責任(accountability)」を果たしていくタイプの評価手法が活用されていることが確認された。

今後は、こうした説明責任を担保していく評価だけでなく、森林の有する公益的機能の維持・再生や、水循環系の健全化など、税収を活用した事業に期待される成果や目標達成状況を把握するための評価手法を併用していく必要があることを指摘した。

流域における水循環系の健全化を図っていく上で重要なことは、森林・水

環境の保全再生に係る費用負担と参加のルールを明確にしていくことである。費用負担ルールの構築にあたっては、課税根拠を明確にするとともに、課税の公平性、透明性を確保していくことが必要である。

また、税収を活用した事業の評価を行う際には、税収の使途に関する説明責任を果たすだけでなく、実施事業の成果や、制度の設計運用の改善を図る観点からも、政策評価手法が活用されていく必要がある。こうした評価システムの確立は、参加・協働の基盤としても重要であることは言うまでもない。

今後は、分析事例から得られた観察結果を基に、他の運用事例を調査し、水循環系の健全化に関する費用負担、評価システムのあり方について考究していきたいと考えている。

1) 参加型税制とは、財源調達の目的、税制の制度設計と運用、財政支出の適格性のチェック及び次期の制度設計といったすべてのプロセスへの住民参加を実現していくとの考えである。応益的共同負担とは、特別な環境保全策により、幅広く住民が利益を受ける場合に、受益者負担の考えを支える実体的関係に配慮して適正な課税標準を選びながら、施策に関する費用を税により住民が幅広く共同負担することと定義される。分析対象とした茨城県では、「森林や湖沼・河川などの自然環境は、多様な公益的機能を有しており、その恩恵をすべての県民が日常生活の中で等しく享受していることから、県民全体で守り育てていくべき共有の財産ととらえることができる。したがって、新たな財源については、県民に対して幅広く負担を求めていくべきであり、その方法としては、負担を通じて県民の森づくりや水質保全の取組みへの参加意識の高まり、財源の安定的な確保と新たな取組みの早急かつ確実な執行が期待できる税によることが適当と考えられる」(茨城県, 2007, p.11) としており、参加型税制の考えとの親和性が確認できるところである。

2) 平成24年9月群馬県議会定例会環境農林常任委員会 (環境森林部関係) 議事禄による。議事録は http://www.pref.gunma.jp/gikai/ s0700642.html によった。

参考
茨城県ホームページ (茨城県森林湖沼環境税について)
　http://www.pref.ibaraki.jp/bukyoku/soumu/zeimu/ shinzei/
栃木県ホームページ (とちぎの元気な森づくり県民税事業)
　http://www.pref.tochigi.lg.jp/d01/eco/shinrin/ zenpan/genkinamoridukuri.html
群馬県ホームページ (みんなの森をみんなで守ろう「ぐんま緑の県民税」)
　http://www.pref.gunma.jp/04/e3000101.html

第5章　水源県ぐんまにおける小水力発電の現状と振興策の課題

1　はじめに

　東日本大震災によって太平洋沿岸の発電施設の多くが被災し、東京電力福島第一原子力発電所の事故を契機に、全国的に電力供給体制の脆弱性が顕在化した。震災直後には計画停電が実施され、夏場には東日本管内に電力制限令が27年ぶりに発動されたことは記憶に新しいところである。これまでのエネルギー政策は大きな転換点を迎えており、原子力発電のあり方が問われるとともに、再生可能エネルギーの普及、利用拡大が極めて重大な課題となっている。

　「固定価格買取制度」の開始によって、全国各地で再生可能エネルギーに対する取組みが盛んになっている中で[1]、水力発電はその基本技術が成熟し、技術自体の不確実性が低いこと、流水量や落差等の賦存量がある程度正確に見積もることが可能であり、経済的な面でも相対的に低いリスクで開発できることから、代替エネルギー源の1つとして期待が高まっている。

　本章では、利根川水系の水源県であり、多くの水力発電所を有する群馬県内における小水力発電を取り巻く状況及び、その普及促進の基盤となる「地域新エネルギービジョン」について概観を加え、今後の課題を探っていくものとする。

2　小水力発電促進の意義と普及する上での課題

(1) 水力発電の意義・特色

　水力発電は、水が高いところから低いところに向かって流れ落ちるエネルギーを水車によって機械エネルギーに変換し、発電機によって電気エネルギーをつくるものである。このように二酸化炭素を排出しないクリーンな再生可能エネルギーであり、地球温暖化対策、電力の安定供給の確保、災害時の非常用電源確保等の観点から、水力発電が重要な代替エネルギー源として注目されている。

　水力発電の分類形式のうち、発電出力の規模によれば、表1のとおり分類される。また、発電方式に注目すると、高低差（落差）を得るための仕組みの違いから、河川や水路に堰を設けて取水して水路で水を導く水路式、ダムに水を貯めて発電に利用するダム式、ダムと水路を組み合わせたダム水路式の3方式に分類される。小水力発電の場合はダムなどの大規模な土木施設を建設しない水路式が一般的である。

表1　水力発電の出力分類—ビジョン2-6頁

分類	出力
大水力	100,000kw以上
中水力	10,000kw～100,000kw
小水力	1,000kw～10,000kw
ミニ水力	100kw～1,000kw
マイクロ水力	100kw以下

出典）群馬県（2008, pp.2-6）

(2) 小水力発電のメリット

　風力や太陽光など他の自然エネルギーに比べて、水力発電は安定性、計画のしやすさ、オーダーメードという3つの特徴をもつといわれている（全国小水力推進協議会, 2012, pp.6-7）。

　これらについて具体的に見ていくと、第1に、水力は風力や太陽光に比べ

て、エネルギー源の変動（水量）が少ないことが大きな特徴であり、発電に利用できる水量の把握が可能で、安定した出力や発電電力量を得ることができるエネルギーである。

　第2に、水力は水量と高さ（落差）によって実際に得られる出力や発電電力量が決まるが、これらの要素は、これまで蓄積された技術により、精度よく予測することが可能であるため、変動の大きい風力や太陽光に比べ計画しやすいエネルギーである。

　第3に、風力や太陽光は、電気・機械設備が中心であり、設計上は規格化が可能であるが、水力は、河川や用水路、取水地点周辺の様々な環境の中に、取水口、導水路、放水路など複数の土木設備を配置しなければならないことから、個別の設計が必要なオーダーメードのエネルギーである。

　こうしたメリットを有する一方で、小水力を進める際の問題点として、発電コストを下げるためには同種の機器が量産されることが求められるが、立地条件に合わせた仕様とせざるを得ないため、機器の量産効果が期待できないことや、導水路等の土木工事に時間やコストがかかる点がある。また、水の使用について利害関係の調整が不可避的に発生し、新たに発電を行う場合の法的手続きが長期かつ煩雑となることがあげられる。

　本章では、河川流量や周辺生態系に及ぼす影響の少ない小水力、とりわけ出力100kw以下のマイクロ水力発電に注目していくが、次項では後者の制度上の課題について見ていくことにする。

(3) 小水力普及上の課題

　小水力発電は地点ごとの流水量、落差といった個別の自然条件に加え、各種法規制等の社会的な制約を受ける。その実施にあたっては、電気事業法に基づく手続きが必要となり、また取水（水利使用許可）や河川区域内に取水設備や放水設備等を設置する場合、河川法に基づく手続きが必要となる。さらに、発電所設置予定地点によっては、自然公園法、農地法、森林法、砂防法、建築基準法等の許認可手続きが必要とされる。

このうち最大の課題となるのが水利使用許可（水利権）の問題であり、その許可手続が煩雑であり、長期間かかることが問題視されている。小水力発電普及の観点から手続きの簡素化、規制緩和が進みつつあるが、多数の事項が依然として検討途上の段階にある[2)]。

　また、発電事業を行うと電気事業法による規制を受け、従前は10kw以上のすべての水力発電所の手続きが同一であったが、保安規程の届出、主任技術者の選任、工事計画届出が20kw未満の場合には不要とされた他、電気事業法の手続きが不要となる一般電気工作物の範囲が柔然は10kw未満（電圧600v以下、ダムを伴うものを除く）から20kw未満で流量が1m3/s未満（電圧600v以下、ダムを伴うものを除く）となるなど、手続き面での規制緩和が図られている。

　こうした手続き面での規制緩和に加え、地元や利害関係者との調整プロセスについて、手続きの明確化や透明性の確保、迅速化が今後の課題となっている。

3　群馬県内における小水力発電の現状と振興策の課題

(1) 群馬県の発電事業の概要

　わが国の最初の水力発電は、明治21（1888）年、仙台市の宮城紡績会社で、紡績機用の水車を利用して電灯を点灯させた三居沢発電所が本格的な水力発電の嚆矢となっている。電気事業用の水力発電としては、琵琶湖疎水を利用し、明治24（1891）年に稼動を開始した、京都市の蹴上水力発電所が最初である。

　群馬県の水力発電の歴史は古く、明治23（1890）年には桐生市の日本織物株式会社が工場用の自家用水力発電所を県内で初めて稼働させ、電気事業としては、明治27(1894)年に、前橋電灯会社の植野発電所（総社発電所）が全国で5番目に設置され、50kWの発電を行い、東京に遅れることわずか8年の早さで、前橋市内の電灯用電力が供給されていた。

利根川水系の豊富な水資源を活用し、古くから水力発電に取り組んできた群馬県には、現在県及び電力会社等により、77ヶ所の水力発電所が設置され、送電線の総亘長約 1,600km という電源県である。郷土の風物や偉人を詠んだ「上毛かるた」には、下久保ダムの大規模工事の様子を描いた「理想の電化に電源群馬」という札があるが、そこには終戦直後の日本が前進していくことへの期待や、群馬を源とする利根川への愛着と電源地域の誇りがこめられている[3]。

地方公共団体が経営する発電事業を公営電気事業というが、群馬県では企業局がこれを担っている。企業局の電気事業は、桃野発電所が昭和33（1958）年に運転開始して以来、海抜12m から 2,500m 超までの変化に富んだ地形の中に多くの河川湖沼が点在するという条件を活かし、水力発電所 32ヶ所、火力発電所 1ヶ所、風力発電所 1ヶ所の合計 34ヵ所の発電所を建設し、発電した電気を、電力会社等に売電（卸供給）することなどにより事業経営を行っている。

公営電気事業において、群馬県は認可出力（218MW）で全国第2位、発電電力量（H19 年度：811,279MWh）で全国第1位と、水力発電が盛んな地域であるが、企業局ホームページによれば、図1のとおり、電力自給率は 25.3% であり、県内使用電力の 74.7% は県外から移入されている。

企業局が設置する発電所の最大出力の合計は、246,552kw であるが、平成23（2011）年度供給電力量は年間 973,787,605kwh であった。群馬県内の平成23（2011）年度の電力消費量は 158 億 kwh（対前年比 6.8% 減）であったが、このうち電灯需要は 45 億 kwh（対前年比 6.8% 減）であった。

また、図1のとおり、県内の発電電力約 40 億 kwh のうち、企業局の供給電力量は約 9.7 億 kwh（構成比 24.3%）であり、県内の電力需要の 6.1%、電灯需要の 21.6% を占めている。

(2) 水源県ぐんまのポテンシャル

資源エネルギー庁の「発電水力調査」によると、全国の未開発包蔵水力は

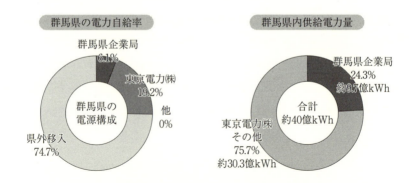

図1　群馬県の電力自給率と県内供給電力量内訳

出典）群馬県企業局HP（http://www.pref.gunma.jp/06/q1310012.html）掲載資料

2,731地点、最大出力1,904万kw、年間可能発電電力量475億kwhと推計されている。

この調査により「都道府県別包蔵水力」を見ていくと、表2のとおり、群馬県は第8位に位置し、1,387GWhの未開発水力を有している。また、「水系別包蔵水力」によれば、利根川水系全体では6,675GWhの包蔵水力を有し、このうち1,609GWhが未開発水力となっている。

資源エネルギー庁の「未利用落差発電包蔵水力調査」は、前述した発電水力調査では把握していなかった、河川維持水、農業用水、上下水道などの既往構築物における遊休落差を利用した水力発電の可能性を調査したものである。この調査によると、未開発のダム利用地点は971か所309千kw、未開発の水路利用地点は418か所22千kwあり、未利用落差を利用して331千kwの発電が可能と推計している。この調査は都道府県別内訳を併せて公表しているが、群馬県について見ると、未開発のダム利用地点は29か所3,880kw、未開発の水路利用地点は13か所1,603kwあり、未利用落差を利用して5,483kwの発電が可能と推計している。（資源エネルギー庁「未利用落差発電包蔵水力調査報告書」pp.1-13（表1.6））

資源エネルギー庁の推計に対しては、過小評価との見解がある一方で、水

表2 都道府県別包蔵水力（上位10都道府県）

順位	都道府県名	包蔵水力 GWh	既開発 GWh	工事中 GWh	未開発 GWh
1	岐阜	13,539	9,025	256	4,258
2	富山	12,864	10,452	0	2,412
3	長野	12,795	9,264	6	3,525
4	新潟	12,716	8,794	542	3,380
5	北海道	10,082	5,756	87	4,239
6	福島	8,603	6,554	594	1,455
7	静岡	7,167	5,888	16	1,263
8	群馬	5,393	4,006	0	1,387
9	山形	3,967	1,930	6	2,031
10	宮崎	3,816	3,043	0	776

出典）資源エネルギー庁データベース「発電水力調査」から部分抜粋
（http://www.enecho.meti.go.jp/hydraulic/data/index.html）

量に季節変動があるため過大な推計であるとの指摘もあり、1,000kw未満の小規模地点については今後詳細な調査を行う必要性が指摘されている（清水2012, pp.13-645、伊藤2012, pp.11-12など）。

　これらの推計はあくまでポテンシャルであり、全てが即時に利用できるわけではないが、未利用水力が存在することは確かであり、安定的なエネルギー源を確保していく観点から小水力発電の開発に取り組んでいく必要がある。

　以下では、こうした未開発水力を現実のものとすべく行われている、群馬県、同県内の市町村の取り組みを紹介、分析していくことにする。この対象としては、新エネルギーの導入に向けた目標や方針を地域の特徴にあわせて定め、エネルギー安定供給対策や地球温暖化対策として取り組む新エネルギーの推進計画や、今後の地域発展に対する新エネルギー利用の具体策等を取りまとめた「地域新エネルギービジョン」を中心に行っていくものとする。

(3) 群馬県の取組み
①詳細ビジョンの概要

　群馬県では平成12（2000）年3月に「群馬県地域新エネルギービジョン」を策定し、群馬県における新エネルギー導入の基本的な方向性を示すととも

に、県を始め市町村、企業、県民等への新エネルギー導入促進のガイドラインと位置付けて、新エネルギーの理解増進や導入促進を図ってきた。また、平成23（2011）年3月に「群馬県環境基本計画2011-2015」及び「群馬県地球温暖化対策実行計画」を策定し、新エネルギーの導入促進等により二酸化炭素排出削減を目指している。

こうした取組みに加え、地域特性に適合した新エネルギーとして、マイクロ水力発電の導入、畜産バイオマスエネルギー利用、バイオディーゼル燃料の製造・利用の3項目について具体的かつ重点的に促進するため、県において調査・検討した結果を「群馬県地域新エネルギー詳細ビジョン」として平成21（2008）年2月に公表している。

本ビジョンの計画期間は平成21（2009）年度～25（2013）年度の5年間としているが、水力発電について具体的に見ると、マイクロ水力発電の導入を促進するため、費用や規模等の面から地方公共団体やNPO等で導入しやすいマイクロ水力発電以下（100kW以下）の小規模なものを対象とし、発電方法、エネルギー利用方法、事業の採算性、関係法令や水利権による規制等の課題を整理し、地方公共団体等がマイクロ水力発電を導入するためのマニュアルとしてまとめている。

②導入目標と推進方策

群馬県環境白書（平成24年度版）によれば、同県は再生可能エネルギー導入目標値を表3のとおり設定している。

この導入目標値を達成させるための施策として、小水力発電導入に係る調査支援事業（補助事業）を実施し、模範的、先進的な小水力発電システム導入等の実証調査を支援しており、平成24（2012）年度においても継続するとしている（群馬県2012b, p.23）。

また、県企業局は、平成23（2011）年7月に県営32番目の水力発電所として、沼田市を流れる片品川に出力1,000kWの新利南発電所の運転を開始した他、平成24（2012）年度からは、桐生市黒保根町を流れる小黒川に田沢発電所（出力2,000kW）の建設を進め、平成27（2015）年度の運転開始を目指

表3 群馬県の再生可能エネルギー導入目標値

項目	現状 出力（Kw）	目標（H27）・ 出力（Kw）	現状比 %
太陽光発電	94,905	263,910	278%
小水力発電	759,461	773,770	102%
中規模水力	751,860	765,560	102%
小水力	7,601	8,210	108%
バイオマス発電	13,630	14,380	106%
合計	867,996	1,052,060	121%

出典）群馬県（2012b, p.24）の表2-1-1-3を部分修正

している。

　県内におけるマイクロ水力発電の導入状況は、表4のとおり、実証試験を含めて7箇所あるが、エネルギー詳細ビジョン（群馬県2008, pp.2-120〜121）では、平成25年度までの5年間に、実証試験を含めて、出力100kW以下のマイクロ水力発電を今後10箇所に導入することを目標とし、次の推進方策をとることとしている。

　第1に、地方公共団体・土地改良区・事業者等への情報提供を挙げ、「マイクロ水力発電の事業主体として考えられる、地方公共団体、土地改良区、事業者等に対して、導入条件、導入方法、助成制度等に関する情報提供を推進する。また、小中学生等を含む住民が、水力発電所を環境学習の場として利用することを推進し、水力発電・新エネルギー等の重要性や環境保全の意識醸成を図り、水力発電導入に対する理解を高める」ものとしている。

　第2に、住民参加型水力発電の導入推進を挙げ、「事業主体が地方公共団体やNPO法人等の場合においては、住民参加型（寄付、企業支援、公募債等）の導入方法の検討を推進する」ものとしている。

(4) 藤岡市における取組み

　地球温暖化問題やエネルギー問題に対して地域レベルで対応していくとともに、地域資源を有効活用して新エネルギー導入を推進していくことで、地域の活性化も視野に入れた指針づくりを行うことを目的として、市町村にお

表4　群馬県内のマイクロ水力発電所（出力100kw以下）

発電所	所在地	運転開始年月	事業主体	最大出力(kw)	備考
沼田市浄水場発電所	沼田市下久屋町	S62.3	沼田市	35	上水道利用
中之条ダム発電所	中之条町折田	H10.7	群馬県	51	河川水利用（ダム式）
利平茶屋小水力発電所	桐生市黒保根町利平茶屋公園内	H16.4	桐生市（旧黒保根村）	22	治山堰堤利用
狩宿第二発電所	長野原町大字大桑字狩宿	H16.6	群馬県	61	河川水利用（水路式）
温川発電所	東吾妻町厚田	H17.1	民間会社	37	水力発電所の放水路利用
若田発電所	高崎市若田町若田浄水場内	H19.1	民間会社	78	上水道利用（浄水前）
まるへい水力発電所	下仁田町大字下仁田	H20.9	民間会社	24	河川水利用（水路式）

出典）「群馬県詳細ビジョン」表1.2.1（pp.2-3）

いても「地域新エネルギービジョン」の策定が行われ、新エネルギーの導入が進められている。

　群馬県内においては、前橋市、桐生市、太田市、藤岡市、上野村、嬬恋村、草津町、昭和村において策定されている（平成25（2013）年3月時点）。市町村のホームページにおいてビジョンが公表されている市町村のうち、藤岡市と桐生市の取組みについて紹介していく。

　藤岡市は群馬県南西部位置し、市内には一級河川の鮎川、鏑川、烏川、神流川が流れ、最南部には下久保ダムがあり、緑と清流に恵まれた地である。明治期以降は、世界遺産候補の一つである高山社に代表される養蚕業の先進地として、また木材の集積地として発展してきている。

　同市は「藤岡市地域新エネルギービジョン」を平成20（2008）年2月に策定している。このビジョンはa.恵まれた日照条件を活かした太陽エネルギー、豊富な緑や清流を活かした木質資源や水力の活用等により地球温暖化防止を推進すること、b.旧鬼石町との合併を契機とした、新エネルギーを活用した新たなまちづくりを推進すること、c.新エネルギーをめぐる住民、事

業者、行政の交流を促進し、地域の活性化を図ることを基本指針としている。

この基本指針の下、3つの重点プロジェクトを定めているが、小水力発電については「新エネルギーを活用した安心・安全・クリーンなまちづくりプロジェクト」のうち、「小水力発電や太陽光発電等を活用した防犯基盤整備」に位置付けている。具体的には、市民からの夜間照明の不足による地域防犯面での不安に応えていくため、防犯灯への小水力発電の導入可能性を検討するものとしている。

また、平成19（2007）年度に市内2か所の水路に小水力発電導入の実証実験を行った結果の概要が紹介されている。このうちの1つは、美土里堰農村公園（同市鮎川地区）内の農業用水路の落差工を利用したものであり、直径1.2m、幅80cmの水車を活用し、1日1,440kwの発電を想定したものであり、電力を昼間は園内の噴水に、夜間は二灯の防犯灯とイルミネーションの点灯に活用している。

この調査は、発電設備の設計、製作、施工は地元企業が担当したが、流速・流量調査などの水路詳細調査及び基礎部の施工を藤岡北高校環境土木科の生徒が協力しており、製作費は防犯灯なども含めて200万円程度であったという。また、西部都市下水路（同市藤岡地区の浅間神社北）を活用した実証実験の結果も掲載されている。

(5) 桐生市における取組み

桐生市は「桐生市地域新エネルギービジョン」を平成20（2008）年2月に策定している。このビジョンは、教育（情報提供）、バイオマス、太陽光、交通にかかわる新エネルギー利用を「利用重点プロジェクト」とするとともに、重点以外の利用可能性の高い又は利用が望まれる新エネルギーについては「普及促進プロジェクト」とし、市民、事業者、研究機関、行政がそれぞれの役割の下、取り組んでいくものとしている。

小水力については、ヒートポンプ、燃料電池、天然ガスコージェネレーション、風力と併せて、後者の「普及促進プロジェクト」に位置付けられて

いる。

　小水力発電プロジェクトについて具体的に見ていくと、本市は上下水道施設を有すること、また高低差が大きい地形特性であることから、a.上水道・下水道処理施設等における小水力発電の導入検討、b.市民参加による手作り水車の設置検討を課題としている。

　前者については、「上水道・下水道施設やダム放流水など、市内の常時一定量の水が流出している場所においては、流量と落差等の基礎条件とともに、経済性を踏まえ、小水力発電の導入の可能性を検討」するものとし、検討箇所として「上水道の管路施設において配水地域の標高の関係から減圧している箇所、浄水場や下水道処理施設等の常時放流水等がある箇所、ダムの河川維持放流水がある箇所、砂防ダムで常時流水がある箇所、農業用水路の落差工等」を挙げている。

　桐生市は「西に西陣、東に桐生」といわれるように、絹織物のまちとして古くから発展してきており、明治期以降、織物や撚糸工場が建設され、織物工場が集積している。大正時代には撚糸等の動力源となる水車が市内水路に500以上設置され、水車による水のエネルギー利用が産業基盤として発展を支えてきた歴史を持つことから、後者については「市のエネルギー学習および新たな景観形成の一環として、市街地を流下する水路に、市民参加による手作り水車の設置を検討」する他、「市民共同発電による水力発電について検討」するものとしている。

4　おわりに

　小水力発電は、コスト削減に向けた要素技術の開発の余地はあるが、他の再生可能エネルギーと比較して、画期的な技術革新がなくとも制度面での規制が緩和されれば大幅な普及が期待できる発電技術であるといわれている。

　地球温暖化や資源枯渇問題に加え、原子力の代替エネルギー源の確保という喫緊の課題に直面している現在、持続的な地域社会の将来像を描いていく

上で、小水力発電は地域の生活や産業を支える地産地消型、分散型のエネルギー供給源の1つとして期待されるところが大である。

本章では少数の事例紹介にとどまり、さらに現状調査を進めていきたいと考えているが、現時点で実施されている政策は、地域に存在する小水力に目を向け理解、関心を深めてもらう普及啓発が中心となっている。

水力発電は当初、地域の電化などの小規模なものから始まり、長距離送電技術の発達とともに、世界的に大規模化、大容量化の道を進み、特に、日本の水力発電においては、小水力発電設備は容赦なく切り捨てられ、身近な「水の力」は忘れ去られ、やがて一般市民からも遠い存在となった経過をたどっている（水の安全保障戦略機構，2011, pp.119-120）。

大水力の開発がほぼ終わり、小水力を等閑視してきた日本においては、こうした普及啓発から取り組みをスタートする必要があるが、今後は小水力発電の利用実績を積み重ね、再生可能エネルギーの導入や地域振興のシンボル的な存在から、地域の電力需要を賄うレベルの事業（産業）として確立していく必要がある。

利用実績の蓄積により、関連する要素技術の開発による経済性の向上や、地域産業の形成が期待される。地域に眠る小水力資源は、荒廃、衰退しつつある中山間地域を中心に潤沢に存在することから、小水力発電の普及、活用は地域の自立、再生に大きく貢献していくことも期待される。

今後の課題は、手続き面での規制緩和に加え、小水力発電に関する地域産業の形成とその競争力向上という地域産業政策の観点からの取組みが求められるであろう。

1) 群馬県内における取組み事例としては、本稿で後述する藤岡市、桐生市のほか、前橋市においても積極的な取り組みがなされている。同市では、前橋こども公園や中心商店街など人目に触れる場所に発電機を設置し、市民の声を反映させてエネルギーの使途や活用方法を探る姿が報道されている（平成24（2012）年10月19日付け毎日新聞群馬県版記事、ふるさとのエネルギー・前橋市「小水力発電」）。
2) 行政刷新会議（2012, p.6）においては、小水力発電に係る河川法の許可手続きの簡素化について、一定の流量や発電規模等の要件に該当する小規模な水力発電については、関係機関と調整し、水利使用区分を例えば「準特定水利使用」として大規模な水

力発電とは異なる取扱いとする方向で検討し、結論を得る。また、水利権取得申請について、以下のような手続の簡素化・円滑化に向けた対応を行うこととしている。
①発電水利使用許可に係る添付書類及び添付図書について、審査の実態を調査の上、審査に最低限必要なものに簡素化する方向で検討し、整理を行う。
②使用水量の算出の根拠について、取水地点で10年間の実測資料がない場合は、取水地点と近傍観測所等のデータとの相関関係等から算出されたデータを根拠とすることが可能であり、またやむを得ず近傍観測所等が保有しているデータが10年間分に満たない場合には、その保有するデータを算出根拠とすることが可能である旨、周知徹底を行う。あわせて、河川管理者が所有する河川の流量データ等については、申請者のニーズに応じ提供する。
③小水力発電が、河川環境に与える影響度を合理的な根拠に基づいて判断できるよう、海外事例等各種データの収集や調査・研究を進め、維持流量の設定手法の簡素化について検討し、中間整理を行う。
④動植物に係る調査を文献調査や聞き取り調査で代表魚種を選定することが可能である旨、周知徹底する。
⑤休止していた小水力発電を再利用する際、河川の流況、環境等を踏まえた上で、新たな魚類等の環境調査は省略できる旨、周知徹底する。
これらについては、平成24年度検討・結論を得次第、措置をとることとされている。
3)「上毛かるた」の札の解釈については、群馬県（2012a, pp.34-25）による。

第6章　みなかみ町における「エコタウン構想」による地域再生の取り組み

1　はじめに

　みなかみ町は関東平野北部の群馬県の最北に位置し、群馬・新潟県境の谷川連峰、平ヶ岳、至仏山、武尊山などの2000mを越える山々に囲まれており、町内からは美しい山岳景観を望むことができる。

　同町は平成17（2005）年10月、旧月夜野町、旧水上町、旧新治村が合併して誕生した。町域は780.91平方キロメートルあり、これは群馬県の12%を占めている。このうち89.8%が森林となっているが、このうち81%は国有林であり、うち75%が水源かん養保安林に指定されている。

　同町は東京から直線距離で150kmに位置し、上越新幹線の上毛高原駅、関越自動車道の月夜野、水上インターチェンジ等の高速交通網など、首都圏からのアクセスに恵まれ、古くから開湯された温泉地も多く、日帰り圏の観光地として年間を通して多くの人が訪れる地域でもある。

　谷川岳に象徴されるように、新潟との県境は山岳地帯であり、上信越国立公園に指定されており、谷川連峰に源を発する利根川が町の中央を南下し、赤谷川をあわせ、2つの川の流域に町の中心地帯が形成されている。こうした山岳とそれに連なる里山と農地、さらには豪雪地帯にある源流部から流れ出る利根川の本支流の河川は、町の貴重な財産としてだけではなく、首都圏3千万人の生命や経済活動を支える水を供給している。また、町の大部分を占める広大な森林は、酸素の供給と二酸化炭素の固定・吸着を行うとともに、余暇空間としても貴重な役割を果たしており、「水と森・歴史と文化に

第6章 みなかみ町における「エコタウン構想」による地域再生の取り組み

図1 みなかみ町の概要図
出典）みなかみ町総合計画（p.7）から部分抜粋

息づく利根川源流の町みなかみ」を町のキャッチフレーズとしている。首都圏の水源地として重要な役割を果たしているみなかみ町は、多くの中山間地域と同様に、第一次産業が衰退し、放置された山林や農地が拡大し、基幹産業である観光産業が低迷し、人口減少も進展している。このため、みなかみ町は地域の再生に向けて、「水と森を育むエコタウンみなかみ—ふるさとの資源を活かした地域振興構想」（以下「エコタウン構想」という。）を平成20(2008)年3月に策定している。

　本章では、利根川流域における地域再生を考える1つの素材として、このエコタウン構想を取り上げ、利根川上流に位置する基礎的自治体が行う地域再生の取組みについて概観を加えるとともに、その課題について考察していく。

2 みなかみ町の概要

エコタウン構想の紹介、分析に先立ち、みなかみ町の概要（人口、産業動向）や水資源開発を中心とする地域開発の動向について見ておくことにする。

(1) 人口・世帯数とその将来見込み

町の総人口（平成22年4月1日現在）は、表1のとおり、22,419人（8,222世帯）であるが、地区別に内訳を見ると、月夜野10,474人（3,556世帯）水上5,071人（2,347世帯）、新治6,874人（2,319世帯）となっており、近年の傾向として、観光業の低迷により水上地区の減少が目立つとともに、同地区は少子高齢化の傾向が顕著であるといわれている。

表1　町の総人口（平成22年4月1日現在）

	水上地区	月夜野地区	新治地区	総人口
総人口	5,071	10,474	6,874	22,419
男性人口	2,424	5,087	3,320	10,831
女性人口	2,647	5,387	3,554	11,588
総世帯数	2,347	3,556	2,319	8,222

出典）みなかみ町ホームページにより著者作成

国勢調査によると、平成17（2005）年の人口は23,310人、世帯数は8,021世帯、1世帯あたりの人口は2.91人となっている。平成7（1995）年と平成17（2005）年を比べると2,942人減少している。世帯数も、減少傾向にあり、平成7（1995）年と平成17（2005）年を比べると420世帯減少している。

平成17（2005）年度の1世帯あたりの人口は2.91人で、平成7（1995）年と比較すると0.20人減少している。さらに、国勢調査によると、年齢三階層別人口では、平成17（2005）年の15歳未満が3,011人、15〜64歳が13,583人、65歳以上が6,716人である。平成7（1995）年と平成17（2005）年を比べると、15歳未満が1,734人減少し、15〜64歳も3,708人減少し、65歳以上

が 2,212 人増加している。

　また、平成 17（2005）年の 5 歳未満が 12.9% と群馬県全体の 4.4% より低く、65 歳以上は 28.8% と群馬県全体の 20.6% より高くなっている。

　人口の将来的な見通しについては、総人口は、平成 17（2005）年の 23,310 人から、10 年後の平成 27（2015）年には、19,465 人にまで減少するものと予想され、世帯数は、平成 17（2005）年の 8,021 世帯から、平成 27（2015）年には 6,857 世帯となるものと予想されている。また、世帯人員については、平成 17（2005）年の 2.91 人から平成 27（2015）年には 2.84 人にまで減少するものと予想され、年齢三階層別人口については、高齢人口の比率が 28.8% から 35.3% へ上昇する一方、年少人口の比率が 12.9% から 10.2% にまで低下するものと予想されている（みなかみ町, 2008, pp.14-15）。

表2　国勢調査人

区分		H7.10.1	H12.10.1	H17.10.1
人口	男	12,726	12,111	11,173
	女	13,526	12,968	12,137
	計	26,252	25,079	23,310
世帯数		8,441	8,391	8,021
構成比	15 歳未満	16.3%	15.0%	12.9%
	15 〜 64 歳	62.3%	59.9%	58.3%
	65 歳以上	21.4%	25.1%	28.8%

出典）各年度の国勢調査により著者作成

表3　国勢調査による産業別就業状況

	第1次産業	第2次産業	第3次産業	総数
就業者数（人）	1,466	2,545	8,008	12,035
構成比（%）	12.2	21.2	66.6	100.0

出典）各年度の国勢調査により著者作成

(2) 産業構造とその動向

　町の産業構造は 67% が観光サービス業に従事しており、農業はリンゴ、ブドウ、サクランボ等の果実が生産額の第 1 位を占め、ついで、野菜、米、

花き、工芸農作物となっている。工業は、輸送機械、食料品、機械が中心であり、約445億円の出荷額となっているが、集積規模が小さく、農業と観光業が町の基幹産業となっている（群馬県，2010）。本町の農家数は、平成17（2005）年が1,762戸で、平成7（1995）年の1,967戸より205戸減少し、農業就業人口も、平成17（2005）年が1,606人で、平成7（1995）年の2,813人より1,207人減少している（みなかみ町，2008, p.13）。

また、観光面では、群馬県の四大温泉地の1つである水上温泉を始め、老神温泉、猿ヶ京温泉など18カ所の温泉地が点在しており、温泉保養地となっているが、首都圏の都市住民をターゲットにしたレクリエーション施設の整備が進められ、スキー場やゴルフ場などの大型施設が各地区で見られる。特に水上地区には9つのスキー場が整備されており、ウインターリゾートエリアになっているが、最近ではレイクカヌーやキャニオニングなどの利根川を利用したアウトドアスポーツも盛んになっている。

町の観光入込数の合計は、平成17（2005）年が375万人で、平成7（1995）年の432万人より57万人減少している。また、宿泊数は、平成17（2005）年が114万人で、平成7（1995）年の198万人より84万人減少し、日帰り客は、平成17（2005）年が262万人で、平成7（1995）年の234万人より28万人増加している（みなかみ町，2008, p.13）。

以上のとおり、町の2つの基幹産業は、近年ともに低迷しており、販売額や生産額の減少による就業人口の減少や雇用環境の悪化が進み、人口減少の要因となっている。また、利根川源流域の国土保全の観点からも、その担い手を育成、確保していくための産業振興や環境保全・活用の方策が求められている。

(3) 水資源開発を中心とする地域開発の状況

みなかみ町は水源地であり、水資源開発がこれまでの地域振興に大きな役割を果たしている。山崎（1986）は利根川水系でのダム建設の特徴を、昭和30年代前半までの時期（第一期）、昭和30年代前半〜昭和40年代前半まで

の時期（第二期）、昭和40年代以降の大きく三つの時期（第三期）に区分している。

　この区分によれば、第一期は、電源開発促進法の公布（昭和27年）や河川総合開発事業の開始（昭和26年）などを背景に、たびかさなる大水害、工業の復興による電力需要増に対処するため、洪水調整と水力発電を主な目的とするダムが建設されており、藤原ダム、相俣ダムがこの時期に竣工している。

　第二期になると、ダム建設の目的は、特定多目的ダム法、水資源開発促進法、水資源公団法などの法整備を背景として、化学工業を中心とした産業発展、都市への人口集中などによる工水、上水への需要増に対応するため、従来の洪水調節、発電に加え、上水、工水、農水が加わりいっそう多目的となっており、矢木沢ダムがこの時期に竣工している。第三期以降は、高度経済成長に伴い都市への人口膨張が進み、発電や農業用水よりも、むしろ都市活動用水、生活用水の需要増に対応するためのダム建設が行われるようになった時期であり、利根川水系楢俣川に奈良俣ダムが平成3（1991）年に竣工している。

　以上のとおり、昭和24年（1949年）の「利根川改訂改修計画」、昭和37年（1962年）の「利根川水系水資源開発基本計画」に基づき、利根川水系のダムが建設されているが、みなかみ町内にはダムが5箇所（矢木沢、奈良俣、須田貝、藤原、相俣）整備されている。

　また、発電所が14箇所（矢木沢、奈良俣、須田貝、玉原、藤原、水上、上牧、小松、赤谷、相俣、相俣第二、赤谷川第二、赤谷川第三、桃野）整備されている。

　戦前の利根川上流域は関東地方の重要な水力発電拠点であったが[1]、戦後は電源開発拠点よりも、むしろ水資源開発拠点として注目され、利根川本支流の上流部には相次いでダム建設が進められてきた。こうした水資源開発の目的も、当初は洪水調整を主目的として建設が進められてきたが、後には首都圏の水源としての役割に変化してきている（西野，1991, pp.73-80）。

　こうしたダムの整備に伴い、堤体付近に資料館等のPR施設や展望台が整備されるとともに、ダム湖やその湖畔では遊歩道や多目的グランド、公園な

どが整備されている。また、地元食材を利用した「みなかみダムカレー」によるまちおこし[2]が行われている。

　電源立地地域の振興については、国が発電用施設の設置及び運転の円滑化を図るために昭和49 (1974) 年に制度化した、いわゆる電源三法により、発電所と共生した地域振興が図られるよう社会基盤の整備や産業支援策等の各種施策が講じられているが、同法に基づき「電源立地地域対策交付金」が制度化されており、中山間地域における地域振興や地方財政はこの制度に大きく依存している。

　群馬県全体の予算額（平成22 (2010) 年度）は、表4のとおり、3.06億円計上されているが、みなかみ町の交付額が最も多く、道路整備、消防ポンプ車の更新、公共施設の整備、保育園の運営費等に充てられており、予算規模の小さな自治体には貴重な財源となっている[3]。

　しかしながら、平成22 (2010) 年度で30年の交付期限を迎え、現在の交付金額の3分の1程度、1億円以下になるものと見込まれているが、経済産

表4　電源立地交付金の群馬県内 交付状況（22年度）

市町村名	交付額（万円）
前橋市	870
高崎市	450
桐生市	450
沼田市	4,540
渋川市	4,620
藤岡市	450
みどり市	1,720
吉岡町	450
中之条町	1,970
長野原町	930
嬬恋村	1,040
東吾妻町	3,360
片品村	1,690
川場村	450
昭和村	800
みなかみ町	6,880
計	30,670

出典）上毛新聞平成22 (2010) 年12月24日記事

業省は最長交付期間の撤廃とあわせ、交付単価を1/3に減額するなどの見直しを予定している。群馬県の試算では全体で6割減になるとの影響が予想され、みなかみ町への交付額は新制度導入により2,220万円まで減少する見込みであり、財政難に苦しむ中山間地域の予算への影響が懸念され（上毛新聞平成22（2010）年12月24日記事）ており、他の自治体においてもこの点については、大きな財政問題ともなっている[4]。

3 「水と森を育むエコタウンみなかみ構想」の取り組み状況

みなかみ町の概況は以上のとおりであるが、こうした地域振興上の課題に対応するため、同町は「エコタウン構想」を策定している。次に、この構想の概要を紹介していきたい。

(1) 構想の位置づけ

「エコタウン構想」は、「第1次みなかみ町総合計画」（計画期間・平成20年〜29年）を具体化していくための地域振興計画である。そこで、総合計画についても簡単に見ておくことにすると、本計画は、合併後の一体性を確立するとともに、住民と行政が協働しながらまちづくりを進める、まちづくりの最上位計画として策定されている。

総合計画基本構想第2章第2節によれば、利根川源流のまちとして、広大な森林と上流水源地である5つのダムにより、生命と経済活動を支えていることを誇りとし、首都圏住民と交流を深めながら森・山・川を守るとともに、水と森と空気を大切にする水源地としての存在感をもつ地球環境にやさしいまちづくりを目指すとの認識から、「水と森・歴史と文化に息づく利根川源流のまちみなかみ」を町の将来像としており、これを具体化したものが図2である。

エコタウン構想は、こうした総合計画の考え方を踏まえ、山岳や森林等の地域資源や立地条件を活かし、官民の連携、下流域との交流等の外部活力等

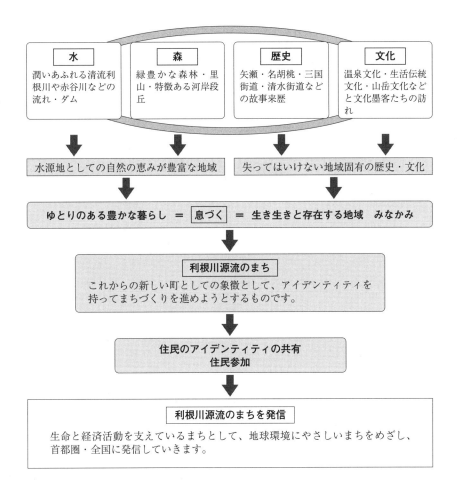

図2 総合計画に掲げられた「将来像がめざすまちの姿」
出典）みなかみ町，2008, p.25 から抜粋

を用いつつ、定住促進や地域経済の活性化による自立した町となるための地域振興構想として平成20（2008）年3月に策定されている。エコタウン構想の位置づけは、図3のとおり、各行政分野を横断的に連携するための指針となっている。

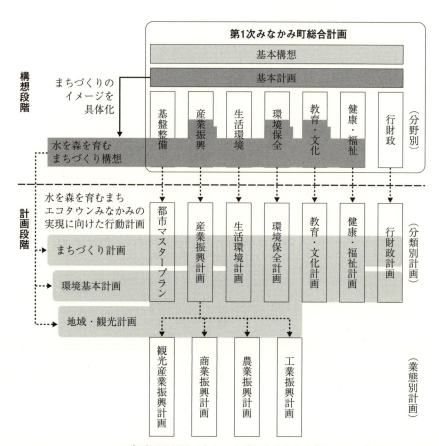

図3 構想の位置づけ

出典）エコタウン構想 p.4 から抜粋

(2) エコタウン構想の概要

次に、エコタウン構想の内容について見ていくことにする。まず、同構想は、地域振興の課題として①自然環境、森林環境の保全と活用、②水資源の保全とダム環境の向上、③産業（雇用）条件に関わる課題、④都市整備と山岳環境、⑤まちづくりに関わる課題、⑥基盤整備に関わる課題としている

が、このうち②及び③について具体的に見ていくことにする。まず、②については、首都圏を潤す利根川流の水源地域を適切に保全活用する地域づくり、渓流や河川の水質維持と憩いくつろげる水辺の環境づくり、治水、利水に加えて、人々が訪れ学び楽しめるダム環境の整備を課題としている。次に、③については、観光リゾート産業を再生させ、商工業や農業の振興にも結びつけていくこと、起業や外部からの人材誘致を進めるため、定住受け入れに向けた交流やホスピタリティーの向上を課題としている。

こうした課題解決に向けた計画のテーマを「谷川連峰と利根川源流域の広大な森林に抱かれた、水と森を育むまちみなかみ」とし、エコタウンみなかみの実現に向けた事業展開の方向性（まちづくりの考え方）や施策体系（事業展開パターン）を図4のとおり示している。

(3) 構想の取り組み状況

次に、水源地域の環境保全に関する取り組みを見ていくと、次の3つの事業展開の方向性（施策指針）を示している。これらの内容について紹介するとともに、主な取り組みについても併せて整理していきたい。

①水源涵養と地球温暖化防止への取り組み

同構想は、水源涵養と地球温暖化防止への取り組みとして、「首都圏の生活用水でもある利根川の安定的な水量の確保と水質の維持を図るため、国や県、下流域等の協力を得て集水域にあたる水源涵養林の保全及び民有林の針葉樹混交林や広葉樹林等への林分改良を促進する」こと、また、「温室効果ガスの一つである二酸化炭素を吸収・固定させる森林の機能を向上させ、積雪や降雨量の安定化に結び付けるため、町有林及び民有林の間伐・植林を推進する」ことを指針として示している。

平成21（2009）年度予算における主な取り組み[5]として、「CO_2吸収源の森林再整備事業」（事業費50万円）を実施している。これは、町内外からボランティアを募り。「利根川源流森林整備隊員（登録会員数118人）」を設置し、森林の自然環境を守る取り組みに対して補助金を交付している。活動内容

3 計画コンセプト

《計画のテーマ》
谷川の連峰と利根川源流域の
　　　広大な森林に抱かれた
　　「水と森を育む町みなかみ」

《整備イメージ》
　広大な面積を有するみなかみ町には、上越国境にそびえる美しく厳しい山岳地域とすそ野に広がる広大な森林地帯、雪深い山や森から湧き出でる豊かな水系等を背景とし、それらの自然に育まれた豊かな生態系と里山や農地、温泉や宿場集落、あるいは多数のダム群など、他地域には無い多様かつ変化に富んだ自然と、その自然とともに暮らす町民の生活がある。
　みなかみ町民は、市街地と農村地域をとりまくこの豊かで変化に富んだ自然環境を慈しみ守りつつ、美しい山岳森林風景や様々な野外活動等を味わい、楽しみ、やすらぎながら生活することができる。
　これからは、この山と森と川のまちの魅力をより一層高め、このみなかみ町の魅力に惹かれて訪れる多く人たちとの交流を進め、町の活力を高める中で、町民のみならず訪れた人々がともに豊かな時を過ごすことができる「水と森を育む町」すなわち
　　　水と森を育む エコタウン みなかみ
を実現する。

〈まちづくりの考え方〉

(1) 谷川連峰に抱かれた豊かな自然環境や自然景観を保全する仕組みを整え、自然に抱かれたまちづくりを進める。

(2) 地域の歴史文化や固有の景観を保全し、文化が醸成されるまちづくりを進める。

(3) 町民がより地域の魅力を理解し、まちの魅力を高めるための仕組みづくりを進める。

(4) みかかみまちの魅力に引かれて訪れる人々を、暖かく迎え入れる意識を醸成する。

(5) 住民と事業者、行政がそれぞれの役割を担い、相互に連携してまちづくりを進める体制づくりを進める。

4 事業展開パターン

1 「山と森と川」を保全する仕組みづくり
　(1) みなかみの「山と森」の保全
　　①自然公園、自然環境保全地域等の保護・保全
　　②エコツーリズムの推進
　　③谷川連峰を核とした周辺地域との連携
　(2) みなかみの「川と水」の保全
　　①水源涵養と地球温暖化防止への取り組み
　　②水質維持への取り組み
　　③ダム機能の拡大（水辺レク交流等）
　(3) みなかみの「里と農」の保全
　　①林地・農地の管理支援体制の構築
　　②放棄農地・林地の活用促進
　　③グリーン・ツーリズムの支援拡大

2 地域への理解と魅力向上策の展開
　(1) みなかみの「山と森と川」や「農林漁業」への理解促進
　　①水辺環境や森林環境等の学習機会の拡大
　　②自然体験・農林漁業体験プログラム等の充実
　　③展示・体験施設の充実と連携
　(2) 地域づくり活動への支援体制の整備
　　①地元地域づくり組織等への支援窓口の整備
　　②来訪地域づくり組織の対応窓口の整備
　　③まちづくりへの啓発事業の展開
　　④農村文化等の継承と新たな食文化の創造
　　⑤交通や情報のネットワーク化
　(3) 地域の魅力の保全と創出施策の検討・推進
　　①環境基本計画の策定と推進
　　②景観条例、景観計画等の策定と推進
　　③地域・観光計画の策定と推進

3 交流・定住の仕組みづくり
　(1) 交流の受け入れ体制の整備
　　①ガイド・インストラクターの育成
　　②アウトドアレクリエーション事業の充実
　　③野外学習センターの充実（インフォメーション機能の充実）
　(2) 地域情報の発信体制の設備
　　①交流、定住向け地域情報の受発進体制の整備
　　②コンベンション等の誘致開催
　(3) 二地域居住、定住等の受け入れ体制の整備
　　①行政内受け入れ支援窓口の整備
　　②民間側受け入れ支援体制の設備

図4　構想の示す事業展開の方向性

出典）エコタウン構想 p.41 から抜粋

は、森林の間伐、除伐、下草刈り、つる切りなどに加え、初心者向けには自然観察会や作業体験も実施している。具体的には下牧地区・藤原地区の民有林整備を予定している。

町がホームページで公表する施策評価シートにより、その取り組み成果をみると、表5のとおりである。自然が守られていると感じている町民は71.2%で、平成20（2008）年度69.5%から増加している。また、利根川と赤谷川の水質は、BOD環境基準値をクリアしており、赤谷川については環境基準が平成21（2009）年度より1ランクアップし、利根川上流の広瀬橋と同水準になっている。この点について、町は下水道・合併処理浄化槽の普及によるものと説明している。

表5　町の行政評価による指標動向（自然環境の保護）

指標名	単位	18年度	19年度	20年度	21年度
人口	人	24,250	23,809	23,305	22,924
事業所数			1,419		
町の自然が守られていると思う町民の割合	%			69.5	71.2
自然を守るための取組を行っている町民の割合	%				
利根川水質環境基準値（広瀬橋）BOD1mg/l以下	mg/l	<0.5	0.7	<0.5	<0.5
利根川水質環境基準値（月夜野橋）BOD2mg/l以下	mg/l	<0.5	<0.5	<0.5	<0.5
赤谷川水質環境基準値（小袖橋）BOD1mg/l以下	mg/l	0.5	0.5	<0.5	<0.5

出典）町の施策評価シートにより著者作成

②水質維持への取り組み

次に「水質維持の取り組み」については「上流部ダムや利根川の水質保全を図るため、下水道や合併浄化槽の普及率向上を図る」こと、また、「渇水期等も河川の自浄機能が働き、水質の維持が可能なように、ダム管理者や河川管理者に対して流量を確保できるように働きかけるとともに、河川空間の清掃活動等を推進する」ことを指針として示している。

平成21（2009）年度予算においては、生活排水を浄化し利根川源流の水質

を守るため、公共用下水道の維持管理と整備、公共用下水道以外の地域における合併浄化槽の普及に取り組んでいる。

具体的には、町の公共下水道は、沼田市等近隣市町村を処理区域とする流域下水道（奥利根水質浄化センター）、藤原平出地区が利用する単独公共下水（農業集落排水）、猿ケ京、須川、湯宿の一部が利用する単独公共下水（湯宿処理場）があり、維持管理に必要な費用負担や改修工事等を担っている。

町の公表する施策評価シートにより、その取り組み成果をみると表6のとおりである。下水道普及率は区域内人口の減少などにより、数値が変動することがあるが、水質の尺度であるBODは、放流基準が20mg/Lのところ、1.0mg/Lとなっており、水源の町として水質保全の責任を果たしている結果となっている。

こうした成果の一方で、利根川上流域であるため国の指導のもと、積極的な下水道整備を行ってきたが、中山間地域であり、地形条件や住宅が散財しているなど下水道事業における投資効率が大変悪く、使用料収入不足を補うため普通会計から繰出基準を大きく上回る額を繰出しているなど財政面での課題を抱えている（行財政改革行動指針 p.17）。

表6　町の行政評価による指標動向（下水道環境整備）

指標名	単位	18年度	19年度	20年度	21年度
人口	人	23,702	23,149	22,749	22,419
下水道処理区域人口	人	10,762	10,625	10,279	10,231
世帯数	戸	8,322	8,271	8,250	8,222
下水道処理区内戸数	戸	3,805	3,798	3,785	3,794
下水道普及率	%	45.4	45.9	45.2	45.6
合併浄化槽の設置率	%			41.8	43.1
処理施設から放流する水質	mg/l	1.3	1.0	1.0	1.0
水洗化率	%	84.8	85.5	87.1	86.6

出典）町の施策評価シートにより著者作成

③ダム機能の拡大（水辺レク交流等）

最後に「ダムの機能の拡大」については、「町内のダム群における水源の

保全と水の安定確保、ダムの保全・活用等について、利根川水系の下流域自治体と連携を図り、相互理解を深めながらそのあり方や進め方を検討推進する」ことを指針として示しており、平成 21（2009）年度予算の取り組みとして、利根川やダムを軸に展開する地域交流事業（事業費 94 万円）がある。

これは、水源地としての役割を中、下流の方々に理解してもらうために、利根川やダムを交流の場として活用する事業である。具体的には、下流域のイベント訪問（東京都江戸川区なぎさニュータウン納涼祭など）、全国川サミット連絡協議会への参加、関越地域連携協議会への参加、奥利根地域ダム・相俣ダム「水源地域ビジョン」の進行管理を実施している。

町の作成する施策評価シートにより、その取り組み成果をみると表 7 のとおりであるが、交流に興味のある町民の割合は、平成 20（2008）年度には 35.0% だったが、平成 21（2009）年度には 39.8% と 5 ポイント弱増加している。

表 7　町の行政評価による指標動向（交流促進）

指標名	単位	18 年度	19 年度	20 年度	21 年度
町民（外国人含）	人	24,250	23,809	23,305	22,924
来訪者数（日帰り＋宿泊）	人	3,850,066	3,689,183	3,713,752	3,600,664
交流事業に興味のある町民の割合	%			35.0	39.8
交流事業に参加したことのある町民の割合	%			20.8	18.6
交流事業がきっかけで自主的に交流が続いている町民の割合	%			44.0	35.5
交流事業に参加した人の人数	人	2,567	4,311	3,061	2,874

出典）町の施策評価シートにより著者作成

町の分析によればこの要因は、平成 20（2008）年度に全国川サミットが町内で開催され、マスメディアに取り上げられたことや、前述した小松川パルプラザ物産交流、なぎさニュータウン物産交流等、多数の交流イベントに参加し、みなかみ町の観光・物産の魅力を PR したことなどによるもので、これらを契機に町を訪れる人たちも多く、リピーター率も高くなっていると指摘している。一方、交流事業がきっかけで自主的に交流が続いている町民の

割合は大幅に減少しているが、これは、旧町村が合併時までに行っていた国際交流事業等が廃止されたため新たな交流の機会が少なくなったことが原因としている。

また、町の評価結果では、水源地ビジョンに位置づけた事業について、国や県及び町の支援、特に金銭的な支援が今までのようにできなくなることを危惧しており、「このため支援のあり方について、関係機関と協議調整を図り、水源地の活性化に向けた取り組みが低下しないよう検討する必要がある」との考えを示している。

4 構想の特徴と課題

本章では利根川流域における地域再生を検討する素材の1つとして、利根川源流域を擁するみなかみ町の取り組みについて概観を加えてきた。

特に、エコタウン構想に焦点を当てて分析を加えてきたが、同構想は町の総合計画と並行して策定された地域振興構想であり、各行政分野にわたる横断的な指針としての役割を担っていた。

同構想は町の再生に向け、利根川源流地域の自然環境や自然景観の保全そのものを地域再生戦略の中核におくとともに、観光分野を中心とした交流・定住の促進による好循環を実現し、地域経済活性化を図ろうしている。今後の課題としては、目標の実現に向けた実施計画の策定や推進が求められるが、町自身もエコタウン構想（p.4）において課題としているとおり、まちづくりや生涯学習、環境教育、観光と交流、環境保全等の施策連携による行政各分野の横断的な取り組みのみならず、町民参加や、NPO、下流域住民との連携による推進体制の整備が必要となる。

最近の上毛新聞連載記事[6]においても、水上温泉街の再生に向けた業種、地域、世代を超えた取り組みが紹介されている。そこでは温泉街のにぎわい復活に向けた町並み整備の取り組み、エリア全体での地域連携による観光誘客の取り組み、町の良さを見つめなおす取り組みなどを模索する住民や旅館

経営者の姿が活写されている。こうした「内発的」な様々な試みは地域再生の要となり、構想の目標達成にも大きく寄与するものと考えられるが、現時点では試行錯誤が続いていると評価できよう。

今後は、都市と水源地との交流に加え、水源地域への観光誘客、水源地域の産品の販売促進のための販路開拓など、水源地の経済活性化につながる取り組みが有効であろう。こうした取り組みには鬼怒川上流域でのアクアツーリズムの取り組み[7]が参考となるであろう。

さらには政策的課題としては、地域の主体性や自主性を支援する持続可能なシステムを構築していくことが必要になるであろう。こうした課題への対応は様々な手法が想定できるが、「水源環境税」の導入も検討されて良いであろう。

1) 戦前における利根川上流域の電力開発過程は小池（1991）に詳しい。
2) この取組は、町内の道の駅水紀行館、温泉旅館、観光施設など8箇所で、各施設の創意工夫により、上州和牛、猪豚、こんにゃく、山菜などを利用したカレーが提供されており、町内の周遊プランとして用意されている。なお、カレーの盛り付けがダムの形状をしているため、ダムカレーと呼称されており、施設ごとに異なる内容となっており、御当地グルメとして期待されている。
3) 電源立地交付金を活用した事業の概要は、資源エネルギー庁のホームページで公表されている（http://www.enecho.meti.go.jp/info/dengenkoufukin.htm）。
4) こうした影響は全国的にも問題視されており、国への期間撤廃と交付水準の維持を求める意見書を提出する動きが地方議会を中心に見られるところである。
5)「予算と財政のあらまし　みなかみ町（平成21年度版）」によった。②及び③の予算に関する記述についても同様である。
6) 上毛新聞「力あわせる第4部・湯煙のかなたに―水上温泉」1～5、平成22（2010）年12月26日～30日連載。
7)「平成22年版日本の水資源―持続的な水利用に向けて」p.29に概要が紹介されている。

第7章　利根川上流域の水郷「板倉町」の水場景観保全に向けた取組み

1　はじめに

　板倉町は、群馬県の最東南部に位置し、栃木・埼玉・茨城県に接している。町の南には利根川、北に渡良瀬川、東に渡良瀬遊水地が広がり、町内を流れる谷田川をはじめ、低地に滞留する内水排除のための排水路や灌漑用水路が整備され、河川と農業用排水路のネットワークが形成されており、利根川上流域において水郷景観を呈している。また、同町は有史以来、洪水常習地帯であり、豊かな土壌や生態系が育まれるとともに、独自の水文化を形成している地域でもある。

　町の総面積 4,184ha のうち約 55% の 2,302ha を農地が占め、市街化区域面積は町域全体の 9% (395ha) となっており、平成 23 (2011) 年 8 月 1 日現在の人口は 15,953 人、世帯数は 5,301 世帯である。

　同町の主な産業は農業であり、県内有数の穀倉地帯として良質の米を生産している他、施設園芸野菜（キュウリ・ナス・トマトなど）も盛んで、特にキュウリは質・量ともに日本でも有数を誇っている。

　同町では、これまで農業生産・農業振興を中心とした施策が推進してきたが、板倉工業団地の造成による工業振興、板倉ニュータウン建設とあわせた東洋大学誘致、新駅の開業（東武日光線板倉東洋大前駅）整備による都市基盤の整備など、農村地域から大学とニュータウンを核とするまちづくりを進める田園都市へと変化をしている。

　本章では、利根川上流域の水環境が直面している課題やその再生に向けた

取組みの研究を行う一環として、板倉町の水場景観の保存・活用による地域再生をケーススタディとして取り上げていく。特に、町の策定する風景条例、風景計画、水場景観保存計画など、水場景観保全に向けた政策的枠組みの概要を紹介し、その課題について分析していく。

2 板倉町の水場景観の特徴と課題

(1) 板倉町の水場景観の特徴
①水場景観・環境の概況

まず、板倉町の水環境の特徴について見ていくことにする[1]。板倉町が属する邑楽・館林地区は、群馬県の南東端に位置し、南北を利根川、渡良瀬川に挟まれ、県内で最も標高が低い地域で、分析対象とする板倉町を始め、太田市の一部、館林市、大泉町、邑楽町、千代田町、明和町の2市5町で構成されている。

気候は、内陸性の気候で年間降水量は、約1,200mmであり、全国平均（約1,750mm）より少なく、県内でも降水量の少ない地域である。月毎の降水量は、梅雨期の6月と台風期の9月が多く、冬期は降雪も少ないため、降水量はかなり少なくなっている。年平均気温は約15℃で、県庁所在地である前橋市の平均気温約14℃よりも高く、比較的温暖な地域である。

圏域内を流れる河川としては、利根川、渡良瀬川、矢場川など21の河川がある。このうち、板倉町を流れる代表的な河川には、利根川、渡良瀬川、谷田川、板倉川がある。

また、池沼、湿原や水田が多く、県内でも特色ある低湿地性の自然環境を有する圏域であるが、板倉町には14箇所の池沼が現存している。かつては板倉沼をはじめ大規模な池沼が存在したが、急速にその姿を消している。現存しているのは、行人沼、長良沼、肘曲り池等の小規模なものであり、大部分は、洪水流によって、自然堤防や堤防に沿いに形成された「落堀（おっぽり）」と呼ばれるものである。

②洪水常習地帯における治水・利水対策の取り組み

板倉町の地形は、洪積大地と洪積低地に大別され、特に洪積低地においては、洪水流の影響が大きく、水はけの悪い湿潤な低地でもあるため、その開発は困難であった。沖積低地における集落の形成や耕地の開墾が始まるのは概ね近世以降といわれている。

特に、江戸期における、館林藩を囲む連続堤の築堤（利根川、渡良瀬川）、渡良瀬川水系矢場川の廃川化（付け替え）、利根川河道の１つである旧合の川締切り（利根川東遷事業）などにより、低地の開発は進展し、洪水被害の低減が図られる一方で、板倉低地は堤に取り囲まれることにより、内水の滞留を助長し、洪水時には利根川流域の遊水地としての機能を果たしていた。また、浅間山の噴火（1783年）による河床の上昇や、関宿における江戸川棒出し事業の影響を受け、幾度となく洪水被害を受けている（報告書第2節）。

この様に、従来から治水・利水の両面から対策が行われてきたが、近代以降の治水事業や土地改良事業の歴史についても簡単にみていくことにする。

まず、渡良瀬川水系の治水事業としては、大正11（1922）年の渡良瀬川の河道付け替え（東流）や、渡良瀬遊水地の竣工（大正7（1918）年）があげられ、これらの一連の事業により、板倉低地の遊水地としての機能が渡良瀬遊水地に移行している。また、利根川においては、明治43（1910）年の大洪水を契機に、大規模連続堤が築造され、堤防増強、川幅拡張等が連続的に行われている[2]。

これらの治水事業に次いで、内水排除のシステムを確立すべく、県営邑楽郡東部用排水改良事業（大正15（1926）年～昭和9（1934）年）を皮切りに、排水事業が実施されるとともに、昭和12（1937）年県営板倉沼開墾事業による板倉沼の埋め立て（開田）や、農地の土地改良事業が昭和40年代まで行われ、今日見られる低地の広大な水田地帯が形成されている。

③独特の水場景観や文化の形成

こうした取組みの成果により、幸いなことに、昭和22（1947）年のカスリーン台風後、60年以上洪水被害を受けていないが、利根川と渡良瀬川の

合流域にある板倉町の先人たちは、これまでの長い水との闘いの歴史の中で、この地域独特の水場の知恵や文化を育んでいきている。

その一例としては、洪水時に備え、屋敷の一部に高く土盛りして建物（倉庫が主）を建てた「水塚」（写真1）や、避難に使用する舟を軒下に吊す「揚舟」（写真2）を有するなど、洪水時に備える生活の知恵を育み、現在に伝えている他、雷神信仰や大杉信仰など水害圏の信仰や郷土芸能、民俗行事が受け継がれている。

また、利根川水系の舟運は、江戸幕府成立後、順次発展したといわれ、板倉町内では利根川に飯野河岸、大久保河岸が設置され、陸運と水運の重要な結節点となっていた。こうした広域的な水運のみならず、舟運は重要な交通手段であり、かつては多くの渡し場や橋が存在していたが、谷田川に残る2つの沈下橋（写真6）が往時の姿を現在に伝えている。

(2) 板倉町の水場空間が当面する課題

さて、板倉町（2010b）「板倉町の洪水に関する住民意識調査」（平成22年4月公表）によれば、回答者[3]のうち、カスリーン台風を経験した人の割合は約23%にとどまり、カスリーン未経験者のうち、当時の被災状況を知っていると回答した者は9.4%とごく少数であった。

また、利根川左岸堤防が決壊した場合、板倉町のほぼ全域が浸水し、多くは2メートル以上浸水すると町は想定しているのに対して、回答者の約40%が洪水発生の可能性は高いとしながらも、氾濫した場合の浸水範囲についての回答は「板倉町内の浸水はほとんどない」、「一部の地域のみ浸水」、「半分くらいが浸水」を合わせると半数以上となっている。

さらに、自宅の浸水深については「浸水しないと思う」が約17%、「一階部分で大人の膝くらいまで」が19%、「一階部分で大人の腰くらいまで」が約16%と、半数以上は想定よりも浅い浸水にとどまると考えているという調査結果を町は公表している。

この様に、過去の被災経験が薄れ、想定される洪水に対して大きな誤解が

2　板倉町の水場景観の特徴と課題　　*131*

写真1　板倉町小保呂地内の「水塚」

出典）H23.8.19 林撮影

写真2　谷田川岸に係留される「川舟（揚舟）」

出典）H23.8.19 林撮影

生じる結果となっているだけでなく、東京から 60Km 圏内にある板倉町は、板倉ニュータウンの建設、集落における屋敷林等の減少や水塚の消失など、町の風景を取り巻く状況が変化し、水場特有の暮らしを知る人が減少する一方で、新住民の増加など、都市化の波は住民の意識を変化させ、培われた特

有の文化の継承を困難にしている。

(3) 「重要文化的景観」選定に向けた取り組み

こうした状況に対応するため、板倉町は水辺の文化的景観の保全や田園風景との調和を図るための取り組みを表1のとおり実施している。

同町は、昭和40年代の町史編纂事業を嚆矢として、長年にわたって町の歴史、文化自然を見直す取り組みを行ってきたが、1990年代の後半以降は、文化財研究誌などの発刊、国民文化祭の開催、板倉学の実施など、水場文化や文化的景観の価値について広く関心を喚起する取り組みが継続されている。

文化庁は、平成15 (2003) 年に、国内における文化財及び文化遺産の保護の観点と農林水産業の振興の観点から、「文化的景観」の保護に関する動向について把握するために行った「農林水産業に関する文化的景観調査」結果を公表しているが、渡良瀬遊水地の複合的景観が重要地域の1つとして認定を受けている。この中には板倉町の谷田川流域に点在している、飯野の川田、谷田川のサイフォン、合ノ川、谷田川第一排水機場が含まれている。

これを契機に、文化財保護法による重要文化的景観選定のための前提条件を整備するため、文化庁の補助事業を活用し、「板倉の水郷景観保護推進事業」(平成17～20年度) として、調査事業、保存計画策定事業、普及・啓発事業に取り組んでいる。

本事業を実施するにあたり、有識者、住民、行政で構成される「板倉の水郷景観保存策定委員会」が組織され、平成17 (2005) 年度～平成18 (2006) 年度の2カ年にわたり、文化的景観の保存調査が行われ、その成果が「水場の文化的景観保存調査報告書」として公表されている。これに続き、平成19 (2007) 年度には、文化財保護法に基づく保存計画 (利根川・渡良瀬川流域の「水場」景観保存計画) の策定が行われている。

平成20 (2008) 年に板倉町は景観行政団体となり、景観法第8条に基づく、平成22 (2010) 年「板倉町風景計画」(以下「風景計画」という。) や、「板倉町風景条例」(以下「風景条例」という。) を策定、施行している。

表1 重要文化的景観選定に向けた動き

年	できごと
昭和35（1960）年	板倉町民俗調査の実施
昭和45（1970）年	町史編纂室の発足
昭和53（1978）年	板倉町史発刊（1978年～1989年）
平成7（1995）年	文化財調査研究誌「波動」、文化財広報誌「波紋」発刊
平成13（2001）年	国民文化祭「水の文化フェスティバル」開催（揚舟谷田川めぐりの観光事業化） 文化財資料館開館
平成15（2003）年	「農林水産業に関連する文化的景観の保護に関する研究」における重要地域として文化庁認定
平成16（2004）年	第1回「板倉学講座」開催（～現在） 群馬県と板倉町共同プロジェクト「水郷いたくら水文化のある風景活用プロジェクト」開始（～2005年3月）
平成17（2005）年	「板倉の水郷景観保護推進事業」開始 「板倉の水郷景観保存策定委員会」発足（2005～2007年度）
平成18（2006）年	リーフレット「みずば」（1～5号）の発行
平成20（2008）年	「群馬県板倉町　水場の文化的景観保存調査報告書」の発行 「利根川・渡良瀬川流域の「水場」景観保存計画」の策定 景観行政団体に指定
平成22（2010）年	「板倉町風景計画」策定（6月） 「板倉町風景条例」の公布、施行（10月1日～）
平成23（2011）年	「利根川・渡良瀬川合流域に形成された水場景観保存計画」の策定（利根川・渡良瀬川流域の「水場」景観保存計画の改訂）
平成23（2011）年	利根川・渡良瀬川合流域の水場景観を重要文化的景観として選定すべきことが、文化審議会から文部科学大臣に答申される。（9月22日選定）

出典）板倉町（2011）p.8に著者が加筆

　こうした町や住民の取組みを受け、利根川・渡良瀬川合流域の板倉町で形成された水と共生する生活生業の文化が価値の高い文化的景観と評価され、平成23（2011）年5月20日、文化審議会から文部科学大臣に重要文化的景観として選定すべきことが答申された。これは関東地方では第1号となるものである[4]。

3 水場景観保全のための政策的枠組みの概要

(1) 風景条例・計画の概要

　景観法は、景観行政団体によって定められた景観計画区域内において、一定の行為が規制されるとともに、建築物、工作物のデザインや色彩についても、命令に違反した場合は代執行や罰則が担保されるなど、これまでの景観政策に存在しなかった法的強制力が地方自治体に付与されている。

　また、「文化財保護法」の一部改正（平成16（2004）年）により、「地域における人々の生活又は生業及び当該地域の風土により形成された景観地で我が国民の生活又は生業の理解のため欠くことのできないもの」を「文化的景観」と定義し（文化財保護法第2条第1項第5号）、文化的景観の中でも特に重要なものは、都道府県又は市町村の申出に基づき「重要文化的景観」として選定される（同法第143条第1項）ことが可能となった。

　板倉町は、こうした法的枠組みを活用すべく、風景条例と風景計画を策定しており、文化財保護法による文化財保護制度と、景観法による行為規制と支援の仕組みが同町の水場景観保全の基礎的枠組みとなっている。

　このうち「風景条例」は、風景に関する町の基本的な施策を明らかにするとともに、景観法の施行に必要な事項を定めるものとして制定され、この条例第7条において、景観法第8条第1項に定める良好な景観の形成に関する計画である「景観計画（風景計画）」の策定や、行為規制等について規定している（表2参照）。

　そこで、まずは「風景計画」（板倉町, 2010a）の内容を紹介していくことにする。この計画は景観法第8条に基づく計画として策定され、風景づくりの目標や方針を定めているとともに、重要文化的景観選定の基準の1つとなっている。

　町の計画体系における位置づけを確認しておくと、図1のとおり、風景計画は「板倉町第4次総合計画」を具体化する計画となっている。

3 水場景観保全のための政策的枠組みの概要

表2 景観法と板倉町風景条例の比較

	景観法	景観条例
根拠法等	運用には条例が必要 (H17.6.1施行)	板倉町風景条例 (H22.10.1施行)
基本計画	景観計画	板倉町風景計画 (H22.6策定)
対象区域		板倉町全域
重点地区	景観地区 準景観地区	風景重点地区 ・水場景観保存計画の対象地区
行為規制・届出制等	届出→（指導助言）→勧告→変更命令→法による罰則	事前協議→届出→指導助言→勧告 風景阻害物の所有者等に対する協力要請
風景資産	規定なし	自然、歴史、文化等からみて、風景づくりを進める上で価値があると認められる建築物、工作物、樹木、行事、河川、池沼等を指定
重要建造物重要樹木	・所有者の意見聴取 ・現状変更の規制 ・原状回復命令 ・損失補償 ・管理に関する命令又は勧告	・所有者の同意 ・審議会の意見聴取 ・指定告示、標識の設置 ・管理方法に関する基準
景観協定		規定なし
景観協議会		規定なし
景観整備機構		規定なし
表彰・助成等	規定なし	

出典）著者作成

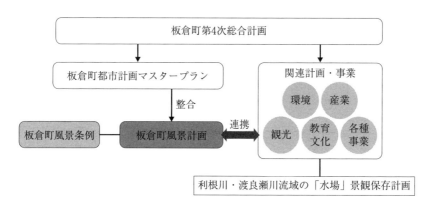

図1 風景計画の位置づけ

出典）風景計画p.3から抜粋

具体的には、同町の風景の特性や課題を踏まえ、風景づくりに関連する諸計画（都市計画マスタープラン）との連携を図りながら、実効性のある取り組みを示すためのものであり、今後の同町の風景づくりの基本的な指針となるものであり、表3の計画体系を有している。

(2) 水場景観保存計画の概要
①水場景観保存計画の意義

次に、「風景計画」の重要な基礎となっている「利根川・渡良瀬川合流域に形成された水場景観保存計画」（板倉町2011,以下「水場景観保全計画」という。）の概要について紹介していく。

水場景観保存計画の策定についても、重要文化的景観選定の基準の1つとなっているが、同計画は平成20（2008）年に策定され、風景計画及び風景条例の策定に伴い改訂、改称されている。

町は、この水場景観保存計画を策定した意義を次のとおり説明している。つまり、板倉町における「水場」の文化的景観は、洪水常習地帯である「水場」の自然環境、度重なる洪水や悪水の滞留を克服してきた歴史、「水場」の豊かさを享受するための先人の生活文化を体現するものであるが、都市化の影響を受け、急速に伝統文化が薄れ、次世代への継承が困難となっている。こうした状況下において、水場特有の文化的景観を保全し、住民自らがその価値を再認識することにより、今後の地域づくりへの架け橋としていくとともに、特有の景観を後生に良好な状態で継承することを目的として、同計画を策定している。（水場景観保存計画, p.184, p.209）

②水場景観保存計画の体系

水場景観保存計画の体系は、表4のとおりであるが、第1部においては板倉町における水場文化の特有性が詳述され、第2部が景観保全計画となっており、具体的な保全策を記している。特に第1部においては、「水場の文化的景観保存調査報告書」（板倉町, 2008）の成果が十分に活かされ、町の自然的特性、水害史、治水史、開発史を含む地域史、生活生業などについて詳細

表3　風景計画の体系

はじめに　風景計画の目的、位置づけ
第1章　板倉町の風景とは
第2章　風景づくりの目標
第3章　風景づくりの方針
1．風景の骨格やまとまり、風景資産の活用等に関する方針
2．田園風景と調和を図るための建築物等に関する方針
3．板倉らしい風景づくりの取り組み方針
第4章　風景づくりの基準
1．建築物等の制限と誘導の考え方
2．風景づくり基準（行為の制限）
第5章　板倉風景資産の保全・活用
1．風景資産の考え方
2．風景資産の保全・活用の進め方
第6章　公共施設による風景づくり
1．基本的考え方
2．景観重要公共施設の指定方針
第7章　重点地区の風景づくり
1．重点地区指定制度の考え方
2．重点地区の風景づくり方策
第8章　水辺風景づくり重点地区風景計画
1．対象区域
2．風景づくりの方針
3．届出対象行為
4．風景づくり基準（行為の制限）
第9章　風景づくりの推進に向けて
1．風景づくりの推進のために必要な事項
2．重点的に取り組む事項
■風景づくりガイドライン

出典）板倉町（2010a）を参照し、著者作成

に記載された浩瀚な計画となっている。

③文化的景観保存のための基本指針

本計画は、その対象範囲として、利根川地区、渡良瀬川地区、古利根地区、渡良瀬遊水地地区、谷田川地区の5地区と、水場信仰の対象地「雷電神社地区」を設定している。

表4　水場景観保存計画の体系

第1部　「水場」板倉町の特性 　第1章　「水場」の自然特性 　第2章　「水場」の歴史的特性 　第3章　「水場」の生活生業 　第4章　「水場」を支える現在の仕組み 　第5章　「水場」意識の特性 　第6章　「水場」景観の特性とその保存・活用 第2部　板倉町の「水場」景観保存計画 　第1章　「水場」景観の特性と保存の意義 　第2章　「水場」景観の保存対象範囲 　第3章　文化的景観保存のための基本方針 　第4章　景観保存のための法規制 　第5章　文化的景観の整備活用 　第6章　文化的景観の保存活用に関する体制 　第7章　文化的景観の重要な構成要素

出典）板倉町（2011）を参照し、著者作成

表5　基本方針

①地域の歴史と生活を担う一連の水系としての機能を永続的に維持する。 ②河川としての地形や景観の連続性の確保に努める。 ③河道内の土地条件に対応した多様な生態系の保全に努める。 ④「水場」独自の景観を構成する建造物等は、適切に維持。修復を図る。 ⑤水場特有の自然・歴史・文化について、積極的に普及啓発を図る。 ⑥公開及び活用事業は、住民と行政が協力して実施する、

出典）板倉町（2011）p.214から著者作成

　これらの地区の景観保全のため、6つの基本方針（保全方針）を示している（表5参照）。また、基本方針を受け、各地区の保全方針や地区に存在する文化的景観の構成要素に対する保全方針を示している。

　本稿では、谷田川地区を例に、これらの地区の保全方針や地区に存在する文化的景観の構成要素に対する保全方針を紹介していく。

　谷田川の河川敷には、良好な自然景観（写真3、4、5）が現存し、重要文化的景観の内でも中心的な地区となっているだけでなく、風景計画上の「水辺風景づくり重点地区」と位置づけられている。

　こうした谷田川地区の地区別方針は、表6-1のとおりであるが、単に特色

3　水場景観保全のための政策的枠組みの概要　　139

写真3　群馬の水郷公園付近の谷田川

出典）H23.8.19 林撮影

写真4　板倉ゴルフ場付近の谷田川

出典）H23.8.19 林撮影

ある景観を保全するだけでなく、水辺の多様な生物相の保全、生活文化の継承なども含む内容となっている。

また、文化的景観の構成要素である、近世初期につくられた堤防、流路・池沼、シバ焼き、川田、柳山、沈下橋（写真6）、樋門、八軒樋頭首工などの

写真5　合の川橋下流の谷田川

出典）H23.8.19 林撮影

写真6　雨中の沈下橋（通り前橋）

出典）H23.8.19 林撮影

用排水施設、排水機場、水塚、石造物など、文化的景観を形成する重要な構成要素が多数存在する地区であり、これらについての保全方針（表6-2）も示している。

3 水場景観保全のための政策的枠組みの概要　*141*

表6－1　谷田川地区の方針（地区別方針）

○流路、高水敷、堤防の地形が連なる連続的かつ変化に富んだ景観を継承する。
○適正な植生管理計画を策定し、大規模なヤナギ林やヨシ原からなる植生を維持し、水辺の多様な生物相の保全に努める。
○川田や柳山、漁撈を始めとする谷田川の伝統的な利用のあり方を継承する。
○近世から現代に至る水防の歴史や仕組み、または、川田や漁撈を始めとする谷田川に伝わる生活文化について、普及啓発を行う場とする。
○谷田川の治水や利水に関連する多くの施設は、景観に留意しながら適切に維持・改修を図る。
○隣接する堤内地に位置する自然堤防上の集落（谷田川左岸及び右岸地区）や池沼（天神池、肘曲池、外柄池）も含めた一体的な景観の保全を目指す。

出典）板倉町（2011）p.214から著者作成

表6－2　谷田川地区の文化的景観の構成要素に対する保全方針（主なもの）

構成要素	保存方針
流路・池沼	水質の向上を図りつつ、水辺特有の豊かな自然環境の保全に努める。また伝統的な漁撈技術の記録保存を図るとともに、普及活動により後継者の育成につなげる。
沈下橋	「通り前橋」及び「北坪東橋」の２つの沈下橋は、安全性への配慮を図りながら、洪水時における抵抗を最小限に抑える欄干のない形態を継承する。流路の変更により橋としての機能を失った「北坪橋」についても、生活生業と密着した谷田川の姿を伝える要素であり、今後も活用を図りながら概ね現在の姿を継承する。
石造物	現在の位置からの撤去を行わないことを基本とし、破損や風化の激しい石造物については対策を講じる。但し、現存する位置が、元来の位置と異なることが明らかな場合には、可能な限り元来の位置に戻す。
水塚	堤防周辺の水塚は、板倉町の伝統的な水塚様式を基調として修理修景を施し、維持する。また、平時における利用の促進を図る。建替えを行う場合には、現況の位置を変更しないことを基本とする。

出典）板倉町（2011）p.215から抜粋して著者作成

④計画対象地域内での行為制限

　水場景観保全計画の対象地域においては、景観法に基づく風景条例や風景計画による行為規制が適用されるほか、既存の土地利用に関する法制として、「文化財保護法」、「河川法」、「農業振興地域の整備に関する法律」、「都市計画法」が適用されており、開発行為に対する規制が整備されている。

　具体的には、文化的景観を構成する重要な構成要素に対し、現状変更や保存に影響を及ぼす行為として、許可又は届出が必要な行為が、水場景観保全

表7　谷田川地区における主な現状変更対象行為一覧

構成要素	現状変更及び保存に影響を及ぼす行為	現行の土地利用規制法正当に基づく行為規制	文化的景観保護に必要と思われる行為規制	文化庁長官への現況変更の届出を要する行為
近世期の堤防	①地形の形状（道路線形）変更 ②土地の占用、建築物・工作物の新設等 ③土石の採取、鉱物の採掘 ④竹木の植栽及び伐採 ⑤土石・廃棄物などの堆積	①②③④⑤【河川法】に基づき地形形状の変更、土地の占用、建築物・工作物の新設等、土石の採取、鉱物の採掘、竹木の植栽及び伐採、土石・廃棄物などの堆積などは河川管理者の許可を要す。	④【風景づくり基準】に基づき、竹木の植栽及び伐採は通常の管理行為、農林漁業を営むための軽易な行為以外は届出が必要。 ⑤【風景づくり基準】に基づき、集積又は貯蔵の期間が90日を超えるものは届出が必要とする。	
柳山・ヨシ原	①地形の形状変更 ②竹木の植栽及び伐採 ③土石・廃棄物などの堆積	①②③【河川法】に基づき地形形状の変更、土石の採取などは河川管理者の許可を要す。（柳山のみ）	【風景づくり基準】に基づき、竹木の植栽及び伐採は通常の管理行為、農林漁業を営むための軽易な行為以外は届出が必要。	
水塚	①滅失、毀損 ②新設、増改築、移転 ③外観の変更 ④土盛地形の削平・掘削			①②③④水塚の滅失、毀損、新築、増改築、移転、外観の変更及び土盛地形の削平・掘削
石造物（水神宮・地蔵尊他）	①移設、除去			①移設、除去

出典）板倉町（2011）pp.229-231 を参照し、著者作成

計画上で整理されているが、谷田川地区の主なものは、表7のとおりである。

4　環境政策の観点から見た今後の課題

　板倉町の水場景観保全のための政策的枠組みの概要は以上のとおりであるが、重要文化的景観に選定されたことにより、一つの節目を迎えたといえる。
　風景条例第2条1項1号によれば、「風景」とは「人々に知覚される区域であり、自然の作用、人間の作用あるいは自然と人間と相互作用による結果

により表れたもの」と定義されている。

　水場の治水や生業に重要な役割を果たした谷田川流域を始めとする、板倉町の水場景観は、低地開発の歴史を現在に伝えるとともに、低地の自然に対応した暮らしのあり方を継承する土地であり、その歴史性や地域性を「文化的景観」と評価し、これを中核として地域のあり方を再構築していこうとする町の姿勢は、今後の田園都市のあり方を考えていく上で重要な視点であろう。

　これまでの町の取り組みは、水場風景と、そこで暮らし続けた先人たちの残した文化遺産、伝統、習慣などの大切さを現代に活かそうとする重要な試みといえるが、今後はこれまで蓄積された遺産を活かすとともに、将来の「風景づくり」に向け、自然と人間との新たな相互作用をどのように形成していくべきであろうか。

　今後は、前述した方針に基づく景観誘導と景観形成という制度運用が重要な課題となるが、ここでは環境政策的な観点から、文化的景観の保存、継承の基盤となる地域環境保全に関する若干の課題について、最後に述べていくことにする。

　谷田川は、流域内の農業用水や排水などを集め、途中、鶴生田川などを合流しながら板倉町などを流れ、渡良瀬遊水地にいたる流路延長約22kmの一級河川であり、重要文化的景観の中心となる地区である。しかし、谷田川、鶴生田川の水質については、河川の汚濁の代表的な指標であるBOD75%値により見ていくと、何れもの河川とも環境基準を達成できていない状況が継続している（表8参照）。

　これら2河川は、水質調査の結果が常に群馬県のワースト5に入っており、鶴生田川は平成19、20年度ともワースト1、谷田川は平成19、20年度ともワースト2となっている。

　板倉町（2008, pp.157-158）は、こうした原因の一端を水量の変化に求めている。つまり、谷田川は周辺農耕地の灌漑用水として利用されてきたが、1970年代、大泉町を流下する休泊川に導水路（新谷田川）を掘削して大量の流水

表8 生活環境項目の推移

単位：mg/l、MNP/100ml

水域名		矢場川		谷田川		鶴生田川	
地点名		落合橋		合の川橋		岩田橋	
該当類型		C	適否	C	適否	C	適否
pH	16	7.3	○	7.4	○	8.4	○
	17	7.3	○	7.4	○	8.1	○
	18	7.6	○	7.6	○	8.2	○
	19	7.9	○	7.8	○	8.2	○
	20	7.6	○	7.6	○	8.1	○
DO	16	9.2	×	7.7	×	10	×
	17	8.6	×	7.9	×	11	×
	18	8.5	×	6.9	×	8.9	×
	19	9.1	×	7	×	11	×
	20	8.6	×	7.5	×	10	×
BOD	16	2.7	○	5.2	×	11	×
	17	4	○	8.1	×	14	×
	18	3.8	○	8.4	×	8.2	×
	19	5.6	○	7.1	×	10	×
	20	2.8	○	5.7	×	9.6	×
SS	16	14	○	18	○	26	○
	17	19	○	18	○	24	○
	18	19	○	18	○	22	○
	19	18	○	24	○	26	○
	20	11	○	18	○	25	○
大腸菌群数	16	25,000	−	20,000	−	16,000	−
	17	11,000	−	22,000	−	9,300	−
	18	66,000	−	100,000	−	48,000	−
	19	30,000	−	300,000	−	13,000	−
	20	180,000	−	100,000	−	12,000	−
TN	16	2.8	−	3.8	−	3.4	−
	17	2.8	−	4.1	−	3.3	−
	18	2.7	−	4.2	−	3.3	−
	19	2.6	−	3.8	−	3	−
	20	2.4	−	3.6	−	2.4	−
TP	16	0.20	−	0.38	−	0.17	−
	17	0.28	−	0.55	−	0.18	−
	18	0.22	−	0.40	−	0.15	−
	19	0.18	−	0.49	−	0.19	−
	20	0.15	−	0.43	−	0.15	−

出典）群馬県内の公共用水域及び地下水の水質測定結果の各年度データ（http://www.pref.gunma.jp/04/e0910003.html）から著者作成

を導いたことで、豊水期には水位が高いものの、非灌漑期（減水期）には極端に水量が減少するようになり、さらに一帯の都市化の影響を受け、流水は雑排水運搬路へと変貌してきたことや、河床勾配が0.002%程度の低地緩流であることも指摘している。

都市化の波による土地利用の変化に対し、風景条例を始めとする景観保全のための政策的枠組みは強力なツールとなるであろうが、板倉町は、地域環境保全の政策的ツールである、環境基本条例や環境基本計画を有していない[5]。

前述した、町が地区別方針とする水辺の多様な生物相の保全や、川田や柳山、漁撈を始めとする谷田川の伝統的な利用の継承を実現していく上からも、こうした法制度の導入による地域環境の改善に向けた新たな対応が必要ではないだろうか。

「計画行政」には様々な批判も見られるが、環境基本条例や環境基本計画は、厳しい地方財政状況の中で、環境保全・再生に関する施策を総合的かつ計画的に推進するための基盤となるものである。こうした計画等の策定にあたっては、多様な主体が協働して計画の策定、管理、評価を行い、地域固有の環境課題を解決していくための仕組みを具体化していくことが重要な課題となる。

さて、前出の「意識調査（板倉町，2010b）」によれば、「自然災害に関する備えや対応は、地域住民と行政が協力し合って行っていく必要がある」との設問には、約90％の回答者が「そう思う」と回答している[6]。

ところが、「正直なところ、普段から災害に備えて自分で何かを行おうとは考えていない」との設問に対し、44.1％の回答者が「そう思う」と回答している[7]。

また、家庭における防災対策を訪ねたところ、「家族で災害時の対応などについて話し合っていない」76.1％、「避難場所等を確認していない」67.4％、「非常持ち出し品を準備していない」83.3％という回答率となっている。

さらに、居住地域における防災訓練や防災に関する会合の実施状況を尋ねたところ、「実施したことはない」と「実施したことがあるかわからない」の合計が80.3％となっていた。

こうした調査結果は、直接的には、実効性のある防災体制の構築が必要で

あることを示しているといえよう。特に、町の65歳以上の人口構成比は22%（平成17年国勢調査）となっており、文化的景観の保存、継承とあわせ、過去の災害（洪水）経験の継承をはじめとする地域防災に関する意識啓発と、洪水対策の担い手となる自主防災組織の育成が喫緊の課題となる。

さらに敷衍していえば、こうした問題の背景には、「住民参加」をはじめとする「協働」の実現、つまり、地域住民―自然―行政の関係性の再構築が、より根底にある課題として、対応が求められているのである。こうした課題に対応するため、環境基本計画等の策定プロセスを活用することから始めるのも一法ではないだろうか。

最後に、板倉町教育委員会事務局の御厚意により、「利根川・渡良瀬川合流域に形成された水場景観保存計画」を借覧させていただくことができた。多年にわたる努力の成果が実を結び、町の水場景観が重要文化的景観に選定されたことに心よりお慶びを申し上げるとともに、この場をお借りして感謝を申し上げたい。

1）（1）の記述にあたっては、群馬県（2004）及び板倉町（2008）を参照した。
2）治水をめぐる最近の課題としては、埼玉県や東京都東部を氾濫域にもつ利根川や江戸川の右岸堤防が決壊すると、首都圏は壊滅的被害を受けるため、堤防強化対策（首都圏氾濫区域堤防強化対策）が国土交通省によって進められている。この事業は利根川右岸側や江戸川のみを対象としているため、左岸側（板倉町を含む群馬県側）においても洪水時の浸透に対する安全度を満足する堤防強化が必要であり、アンバランスが生じている点や、場所によっては対策が行われる右岸よりも左岸の堤防が低い箇所がある点に懸念が表明されている（群馬県議会（平成22（2010）年5月における本会議及び常任委員会での議論）
　データの出所 http://www.pref.gunma.jp/gikai/z1111219.html を参照。
3）同調査は、平成22（2010）年2月1日～14日の間、板倉町に居住するすべての世帯が調査対象とされ、回収率は91.9%である。
4）論文脱稿後、平成23（2011）年9月21日付官報（号外205号）において、利根川、渡良瀬川合流域の水場景観606.5haが重要文化的景観として選定された（文部科学省告示第149号）。
5）環境保全関連の条例としては、「板倉町美しいまちづくり条例（平成17年3月17日条例第2号）」が制定されているが、これは主に環境美化を目的とするものである。また、第4次総合計画において、生活環境保全のための施策とその体系が示されているが、ここでは、環境の保全に関する施策を総合的かつ計画的に推進するための法

制度が必要であるとの認識からの提言である。
6) 回答率は、同設問に対する「とてもそう思う」13.6%、「そう思う」49.6%、「どちらかというとそう思う」26.7% を合計したもの（板倉町, 2010b, p.24）。
7) 回答率は、同設問に対する「とてもそう思う」1.6%、「そう思う」17.3%、「どちらかというとそう思う」25.2% を合計したもの（板倉町, 2010b, p.25）。

参考
板倉町の文化的景観（http://www.town.itakura.gunma.jp/kurashi/mizu/index_mizu.html）
板倉町の風景づくり（http://www.town.itakura.gunma.jp/kurashi/fukei/fukei.html）

第8章　東日本大震災による液状化被害
―千葉県我孫子市布佐東部地区を中心に

1　はじめに

　平成23年（2011）3月11日午後2時46分ごろ三陸沖から茨城沖を震源地とする巨大地震が発生した。このマグニチュード9.0（世界の観測史上4番目）の地震によって東北の岩手、宮城、福島の三県をはじめ、茨城県、千葉県、東京都、神奈川県などの東日本を中心に甚大な被害をもたらした。特に、震源地に近い岩手、宮城、福島は、地面崩落、地面陥没、道路陥没、建物崩壊した。また、津波が太平洋沿岸を中心として大津波が押し寄せ沿岸住民や沿岸の建物崩壊、船舶などに甚大な被害をもたらした。
　これらの大震災は世界の人々にも自然災害の怖さをまじまじと見せ付け、東京電力福島第一原子力発電所の事故とともに、大きな衝撃を与えた。この地震によって多くの被害は東日本を中心にもたらされ、そして各産業や各事業などあらゆる業界に多大なる被害と障害をもたらした。
　地震によって、公共施設や幹線道路、鉄道、建物崩壊・破損等が多く見られた。多くの被害がある中で、震源地から遠い地域の南関東地方を中心に液状化現象が発生し、震源地の近い東北三県とは異なる被害が発生した。この液状化は南関東地方の中でも千葉と茨城の両県に被害が集中した。
　本章は、今回東日本大震災で多大なる被害を受けた中で、地域の水環境を考えるうえでの新たな課題となる「液状化現象」による被害に焦点をあてた。特に、千葉県我孫子市布佐東部地区の液状化の被害の状況と復旧・復興を中心に検討したものである。なお、本章は論文ではなく、我孫子市布佐東

部地区の液状化の被害状況等についての研究のノートである。東日本大災害の液状化被害状況等の資料以上のものではない。

2 東日本大震災

(1) 東日本大震災概要

　平成23年（2011）3月11日の午後2時46分ごろ三陸沖から茨城県沖を震源域とする南北約500㌔、東西200㌔の「平成23年東北地方太平洋沖地震」が発生し、震源地は牡鹿半島の東南東130㌔付近、震源の深さは約24㌔。マグニチュード9.0、宮城県栗原市で震度7を観測するなど、北海道から九州にかけ震度6強から1の揺れを観測した。強い揺れを伴う余震が断続的に続いた。大正12（1923）年日本における近代的な地震観測が開始してから最大の数値を観測した[1]。沿岸部は揺れからまもなく、大津波に襲われるなど近年においては未曾有の大被害に襲われた。特に、東北から関東にかけて火災や津波が発生し大被害を受けた。平成22（2010）年に発生したチリ大地震（M8.8）に匹敵するほどの世界最大級の地震となった。この大地震を政府は「東日本大震災」と命名した。

　毎日新聞の『振り返る2011』によれば、警察庁発表によると、建物約13万棟が全壊し、約23万棟が半壊し、そして「がれき」の量は約2300万㌧に達した。また、インフラの被害は3月11日夜で停電戸数約850万戸、断水約230万戸、ガス供給約200万戸が停止、固定電話役100万個不通、携帯電話は約2万9000の基地局が停波した。交通網は東北新幹線では全線運転開通まで1カ月半を要し、JR東日本の在来線36区線で線路流失するなどの東日本を中心に多大なる被害を受けた。その被害額約17兆円と推計され戦後最悪の自然災害である[2]。

　また、平成23（2011）年において世界各地で発生した自然災害の中で最も大きい損失をもたらしたのが「東日本大震災」であり、その額は2100億㌦（約16兆円）で、保険損害額は400億㌦（約3兆円）に達し、さらに拡大する

とミュヘン再保険会社が発表している[3]。世界的に見て「東日本大震災」が稀にみる大災害であったことを示している。

　未だ懸命な捜索活動が続いている中で、死者1万5844人、行方不明3451人で2万人近い死者、行方不明者を出している。また、現段階（平成24（2012）年1月現在）において避難者33万4786人が避難所で生活されている[4]。震災直後においては約47万人が避難所生活を強いられた。関東・首都圏においても東日本大震災は大きな被害をもたらした。千葉県市原市の五井海岸ではタンクが爆発炎上、千葉県旭市では津波による死者が発生した。都内においても、高速道路、建物火災や水道、ガスなどのインフラへの被害が拡大した。帰宅難民515万を数えるなど交通機関にも大きな乱れが生じ被害を受けた。また、東京湾沿岸部では42平方㌔に及ぶ液状化現象が発生し住宅が傾くなどの大きな被害を受けた[5]。

　この液状化被害は、大震災の震源地付近の宮城県では道路の「路面下空洞」など、140ヶ所で見られ、液状化によるものとされ[6]、また、関東においては東京都、神奈川県をはじめ茨城県、埼玉県、千葉県などに拡大し、その被害は東京湾沿岸部のみならず関東地方に大きな被害をもたらした。関東地方では約95市町村で液状化被害が発生している。特に、千葉県内の被害は甚大で浦安市をはじめ千葉市、旭市、我孫子市、香取市、習志野市、市原市などが深刻な被害を受けている。

(2) 液状化

　東日本大震災で地震や津波などによって、多くの被害がもたらされた。これらの被害の中に一般的にはあまり耳々慣れない「液状化」という言葉が多く報道された。今回の大震災がもたらした液状化被害は甚大で広範囲である。文献によれば以前においても、この「液状化」は地震時に起きている。例えば、平成2（1990）年にフィリピン・ダグパン市で液状化がおこり、建造物が1m以上沈下した。また、昭和58（1983）年の日本海中部地震では秋田県の能代市で斜面が移動した。平成15（2003）年の北海道・十勝沖地震で

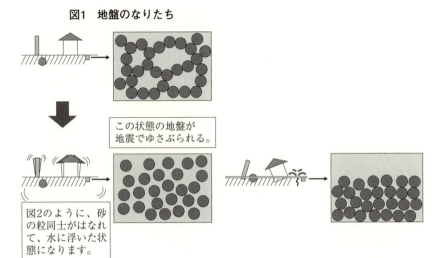

図2　液状化した地盤で揺れている状態　　**図3　液状化した後の地盤**

出典）http://www.hrr.mlit.go.jp/bosai/niigatajishin/paneru/ekijoka/introduction.html

　も液状化による被害があった[7]。昭和62（1987）年の千葉県東方沖地震においても液状化は見られたものの部分的であって、被害は少なかった[8]。

　大震災がもたらした液状化現象は地盤の陥没や段差、亀裂などによって、堤防や道路、電気・電話等の柱、そして建造物の全壊や倒壊、一部損壊などの被害の原因となっている。

　この被害をもたらした液状化とは「地震の際に地下水位の高い砂地盤が、振動により液体状になる現象で、これにより家屋や電柱等など比重の大きい構造物が沈下や倒壊したり、マンホールなど比重の軽い構造物が隆起したりするとされています。発生場所は、港湾の埋立地の他、以前に川や池、沼、水田であった場所も発生する可能性が高い」[9]。

　また、液状化は「緩く堆積飽和砂地地盤が、地震動による繰返しせん断応力を受けると、砂粒子間の構造は乱れ、粒子間同士のかみ合わせが次第に外れていく」[10]。上記の図が示すように、地中の中に土や砂と共に水分が多く

含まれている。地震によって激しい揺れで地中から水分とともに土や砂が噴きだされる状態が「液状化現象」である。

以上のような液状化現象によって、南関東地方を中心に道路や建物等に甚大な被害を受けた。

3　我孫子市布佐東部地区の液状化被害

東日本大震災は北海道から九州まで揺れる程の広範な地域に及んだ。東日本大震災による千葉県内の建物被害は、平成23（2011）年8月1日現在で、全壊785棟、半壊8,540棟、一部破損29,075棟、床上浸水814棟、床下浸水720棟、建物火災12件で、図4が示すように広い範囲で被害を受けている[11]。20人が死亡、2人が行方不明、10市2町で249人が負傷している。インフラ被害は震災直後では、34万6000戸が停電。京葉ガス供給地域内では8147戸が供給停止。断水は17万254戸に及んだと県は発表した。東京湾沿いの埋め立て地や利根川沿いの埋め立て・低地での液状化現象による被害が4万2500世帯に及んでいる[12]。

また、県内のおける被害額は下水道や道路など335億円。査定の内訳は県施設が約109億円、市町村施設が約226億円。液状化被害等による市町村で別では下水道被害の大きい浦安市では185億円で全体の55%を占めるなど被害の大きさが伺える。香取市43億円、旭市は津波被害で14億円、習志野市10億円 5億円以上10億円以下が市原市など7市であった[13]。

「東日本大震災」による甚大な被害は、県の北西部に位置する我孫子市においても例外ではなかった。3月11日の午後2時46分ごろの地震時に我孫子の震度は5弱を記録した。我孫子市では、市内各地で停電、断水、ガス供給停止などインフラ被害や、液状化現象が発生し、家屋の傾斜や沈下、道路、公共施設の損壊などの被害も発生した。停電については、2800件の停電があったが3月12日未明に全て復旧している。上水道は配水管などの破損で19戸が断水、家宅漏水では1700戸が断水したと報告されている。住宅

154　第8章　東日本大震災による液状化被害

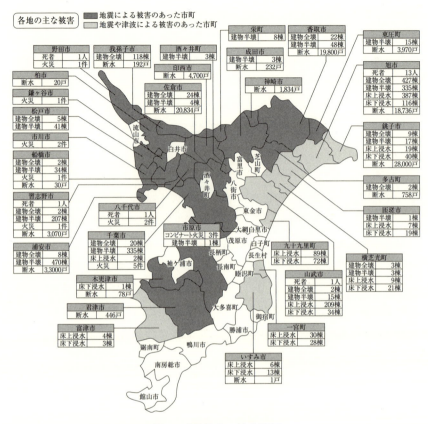

図4　千葉県内の被害状況

出典）http://code.google.com/apis/maps/signup.html

　被害については平成23（2011）年11月11日現在で、全壊家屋134件、大規模半壊4件、半壊94件、一部損壊2508件の被害が発生している。人的被害は軽傷者2名である[14]。公共施設においては559件の被害があった。
　これらは液状化現象によってもたらされた甚大な被害である。我孫子市における「東日本大震災」の被害状況については平成23（2011）年8月11日に『東北地方太平洋沖地震災害対策本部総括報告』として詳細が公表されている。

3 我孫子市布佐東部地区の液状化被害

　我孫子市を簡単に概略すれば、手賀沼と利根川を擁し、以前、北の鎌倉と称されるほど風向明媚で、過去に志賀直哉や柳宗悦、バーナード・リーチなどの文豪や文化人が多く集まり、手賀沼周辺に別荘を構えていた。市周辺は手賀沼の対岸に南と西に柏市、東に印西市、北は利根川を挟み茨城県取手市、そして北相馬郡利根町に接している。水の豊かな都市で手賀沼と利根川にはさまれた細長い馬の背状の土地である。海抜約20m、南北延長は最長部で約4km、東西延長約14km、面積はおよそ43.19平方kmである[15]。首都圏から40㌔圏内に位置し、都内への通勤の立地条件から近年住宅団地造成により人口が増加してきた。平成23（2011）年12月1日現在で人口は135,556人であり、水と緑に恵まれた自然環境の豊かな姿を今に伝えている。

　東日本大震災による液状化現象は、我孫子市でも発生した。発生した地域は、布佐東部地区、我孫子地区、天王台地区（青山台、柴崎台）であるが全体の約80％以上が布佐東部地区に集中し、市内の東に位置するJR成田線布佐駅周辺で発生した。布佐地区は、江戸時代に利根川の主要な河岸として栄えた地域である。『我孫子市史研究5』によれば、「水戸街道の宿駅我孫子宿、七里渡しに近い土谷津、青山、取手の渡し、中峠河岸、布佐河岸と交通の要所がある。布佐河岸は隣の竹袋村木下河岸、対岸の布川河岸が有名なので目立たないが、鮮魚荷物の付場では、松戸河岸まで陸送する生街道の話しで有名である」[16]。

　布佐は古くから河川運河交通の要として栄えた地域であった。東日本大震災により、市内の利根川流域の布佐東部地区で液状化ー流動化現象が発生し、建造物の倒壊や傾斜、地盤沈下、地表の陥没、段差など地域全体に大きな被害を受けた。特に、深刻な被害地区は布佐から都の界隈から布佐西町の北側地域で地波現象などの被害を受けた[17]。液状化による市内の家屋全壊被害は、千葉県内では旭市の427棟に次いで118棟と2番目に大きな被害である。

　特に、利根川沿い東端部に位置する布佐・都で、布佐一丁目で約10ヘクタールに集中している。液状化によって、家屋の全壊や半壊、一部損壊し

た。地中からは砂や水が溢れ、道路一面が水浸し状態になり、写真1が示すように電柱や信号機が倒壊し、そして電気、電話、ガス、上下水道などのフラインにも大きな被害を受けた[18]。

布佐東部地区は明治3（1870）年の利根川の洪水による堤防決壊において、大小の沼や堀が出来たところであり、昭和27（1952）年からの河川改修工事に伴う浚渫土（砂）により埋め立てが行われ、昭和30年代の当初からの区画整備事業により宅地化された。この地区が今回液状化の被害に見舞われた地区約12.5ヘクタールである。特に、被害が集中しているのは県道千葉龍ヶ崎線と国道356号線の交差点周辺である。このあたりは明治期に利根川の堤防が切れて沼となった所が川砂で埋め立てられた住宅地域である[19]。

その被害状況は表1で示すように、市全体の83%を超える家屋全壊被害が布佐東部地区に集中している。布佐の都地区では238件の家屋に全壊、半壊及び一部損壊被害があり、これらはほとんどが液状化による家屋や塀の沈下、敷地内での土砂流出や噴出によるものである[20]。

写真1と写真2は我孫子市の布佐東部地区における液状化による被害を受けた家屋や電気・電話等の柱、道路の状態である。

4 我孫子市の復旧・復興への対応

1000年に一度ともいわれる「東日本大震災」による未曾有の大被害は、地震、津波により東日本を中心に各地に甚大な被害をもたらした。我孫子市においても、その被害は大きく、特に液状化被害は甚大である。その復旧・復興には国・県・市単位の行政体が一体となった復旧・復興が必要不可欠である。我孫子市が示す震災後と今後の復旧・復興の経緯とその課題の概要は下記のとおりである[21]。

4 我孫子市の復旧・復興への対応　　157

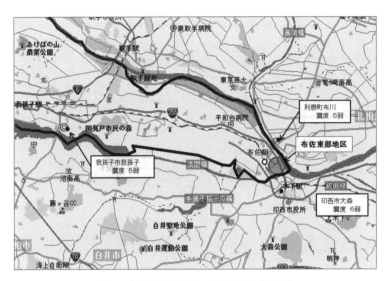

図5　布佐東部地区での液状化の発生地

出典）我孫子市資料

■布佐東部地区での液状化の発生原因

被害が集中した場所は、明治3年に利根川の堤防が決壊して洪水となり、その後も「沼（幅100m、長さ500m）」や「堀」となって残っていた区域だったことが判明しています。
これらの沼などは、明治27年から、河川改修工事に伴う浚渫土（砂）により埋め立てが行われその後、昭和30年代当初の区画整理事業により宅地化されています。液状化は、主にこの地で発生していることから、当時の埋め立てに起因すると想定されています。

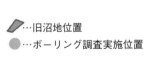…旧沼地位置
…ボーリング調査実施位置

【1949年1月20日　航空写真】

図6　布佐東部地区の液状化発生地

出典）我孫子市資料

我孫子市布佐東部地区の液状化による被害状

■布佐東部地区家屋の被害状況

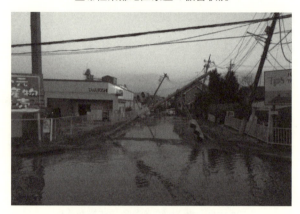

写真1　県道千葉竜ヶ崎線　交差点

写真提供）我孫子市

写真2　家屋・外構・電柱等の沈下

写真提供）我孫子市

■復旧・復興へ向けての現況

写真3　仮復旧が完了した　県道千葉竜ヶ崎線交差点

写真提供）我孫子市

写真4　大規模な基礎の修繕工事（曳家による基礎改修工事）

写真提供）我孫子市

表1　我孫子市内の被害状況・布佐東部地区の被害状況

■市内家屋の被害状況（11月9日現在　単位：棟）市域全体面積4,319ha

全壊	大規模半壊	半壊	一部損壊	被害合計
134	4	94	702	934

※非住家（空家、店舗等）の被害75件を除く

■布佐東部地区の家屋被害状況（11月9日現在　単位：棟）対象面積約12.5ha

種別	全　壊	大規模半壊	半　壊	一部損壊	被害合計
家屋・住家	111（83%）	1（25%）	17（18%）	69（10%）	198（21%）
空家・店舗等	7	0	2	12	21
被害全体	118	1	19	81	219

※（　）内は市域全体に対する割合
出典）我孫子市

(1) 復旧・復興の経緯

①復旧・復興体制の整備

・「我孫子市復興対策本部」及び「布佐東部地区復興対策室」の設置

②被災者の意向の確認

・被害集中地区12.5ヘクタール内被災者243件の意向調査平成（平成23（2011）年5月）

③現況調査の実施

・ボーリング調査（液状化の原因調査、再液状化の検討）の実施

・地盤の『歪み』による境界の破損状況調査の実施

④住民説明会の開催

・被災者支援制度説明会（平成23（2011）年4月）現況調査結果報告等説明会（平成23（2011）年7月）

⑤復興対策方針の決定（平成23（2011）年8月）

(2) 復旧・復興に向けての課題

①被災地利用の促進

・液状化対策に莫大な費用がかかるため、土地利用が難しい。

・被災家屋が空家として放置されることが懸念される。

・土地利用を促進するため、液状化対策支援

（安価で確実な対策工法の開発、支援制度の創設等）が求められている。

②支援制度の拡充
・既存の支援制度は、個人商店を含めた専用店舗、事業所等の非住家に対する支援が少ない。
・アパート等の賃貸物件所有者に対する支援が少ない。
・地域の復興には、個人事業者の再建が重要であり、支援策の拡充が求められている。

③高齢被災者への対応
・布佐東部地区の高齢化率が高く、高齢者世帯が多数ある。
・高齢者だけの世帯では、家（土地）への愛着、経済的な問題等から被災家屋に留まるケースが多い。
・家屋の安全性や被災者の健康上の課題から、対応が求められている。

④震災を教訓とした防災体制の見直し
（医療体制の見直し）
・「病院＝ライフライン」という考え方を再認識し、医療体制の見直しをはかっていく必要がある。
（帰宅困難者対策の見直し）
・我孫子市を通過する帰宅困難者の対策が課題となった。
・対策は、広域的な課題と捉えて整理できるよう積極的に働きかけていくとともに県施設等の活用について、事前に調整を行っていく必要がある。

　我孫子市は早急な対応として、布佐東部地区に復興対策本部を立ち上げ、液状化発生地域でのボーリング調査、被災者への支援説明及び報告会、自宅倒壊、一部破損者などへの対応、民間住宅の家賃補助、道路、水道・下水道等のインフラ復旧を行いなどの対応が行なわれている。その復旧・復興の中の計画に、図7で示すように布佐東部地区の水道、下水道が平成24（2012）年1月より一部の地区から順次復旧工事が始まる予定である。また、平成23（2011）年10月18日に『復興通信』を発行し、液状化で被害を受けた布

※ ・各施工範囲の境についての詳細のお尋ね等は、関係各課へお願いします。
　・下水道工事については、1・5工区は発注準備中です。それ以外は順次発注していきます。
　・水道の③工事については、千葉竜ヶ崎部分の水道管本復旧工事は平成24年1月から3月の施工予定です。(現在、発注準備中です)

図7　布佐東部地区の上水道、下水道工事計画

出典）『復興通信』第3号平成23年12月6日（我孫子市役所布佐東部地区復興対策室発行）

佐東部地区の住民を中心に月1回のペースで配布している。

　発行機関は「我孫子市役所布佐東部地区復興対策室」で、主に行政からのお知らせなどの情報を提供するもので、当通信紙は地域のコミュニケーションとしての使命も持つ。印刷部数900部、650部は被災宅に配達、地区内の店舗置き、250部は市職員用、A4判である。

　液状化被害は、国の法の中にも想定されていないのが現状であるが故に、県や国への働きかけが必要である。我孫子市は県や国への対応を積極的且つ精力的に推進している。その活動の一例として、液状化被害の復旧・復興に

対して、国への要望として平成23（2011）年4月28日に千葉県の千葉市、我孫子市などの16市長が『東日本大震災による液状化被害への対応に関する要望書』[22]を松本龍内閣府特命担当大臣へ提出している。概略は①「液状化による家屋被害への評価と被災者生活再建支援について」②「道路等の公共土木施設等の復旧について」の2点である。

また、千葉県、茨城県、埼玉県の3県の東日本大震災で液状化被害受けた13市長が連絡会議を設置した。千葉県では、浦安、習志野、千葉、我孫子、香取、旭6市。茨城県では鹿島、潮来、稲敷、神栖、行方、鉾田の6市。埼玉県からは久喜市が参加している。

連絡協議会の主たる目的は、液状化地域の復旧や再液状化防止に向けた相互の情報提供の共有にある。具体的には、「①液状化対策工法など技術的なガイドラインの提示②復興事業にあたり自治体の裁量を高める特例措置③国による財政支援などを求める」[23]。

具体的な施策として被害を受けた行政単位が復旧・復興に向けた対応として各市が連携をとり、液状化の情報共有や対策に取り組んでいる。また、1都6県での86市区町村で構成する「東日本大震災液状化対策自治体首長連絡会議」は平成23（2011）年10月31日に野田首相や藤村内閣官房長官と面会し、第三次補正予算に復興交付金に液状化対策への対応を要望した[24]。

「東日本大震災液状化対策自治体首長連絡会議」が提出した『東日本大震災による液状化被害への対応に関する要望書』[25]によれば東日本大震災による液状化被害への対応に関する要望」として項目のみを掲載すれば下記の3点である。

1. 液状化被害に対する復旧・復興に向けたガイドライン等の作成
2. 液状化被害に対する復旧・復興事業における特例措置
3. 液状化被害に対する財政支援等

以上当連絡会議の会長の茨城県潮来市長松田千春当連絡会議会長として提出した。

5　おわりに

　東日本大震災以後、国を始め、被災地の県や市町村は、復旧・復興に向けた対応がなされてきた。我孫子市においても日々復旧・復興に向けた対応や施策が取られてきている。市独自の政策としては、「我孫子市布佐東部地区復興対策室」の設置や市民への支援体制、行政と対話、『復興通信』の発行、市ホームページでの復旧・復興へのお知らせ等の取り組み、そして外部への働きかけとして、県との協議や国への要望として千葉県の16市長による松本龍内閣府特命担当大臣への『東日本大震災による液状化被害への対応に関する要望書』を提出している。また、「東日本大震災液状化対策自治体首長連絡会議」に設立・参加して野田首相と藤村官房長官に『東日本大震災による液状化被害への対応に関する要望書』を関係各市区町村首長と共に要望書を提出するなど果敢な行動が見られる。我孫子市は星野順一郎市長を中心に復旧・復興への道筋を立てて活動的に邁進している。その復旧・復興への取り組む姿勢は評価に値する。

　なお、東日本大震災に対する我孫子市の復旧・復興対策や対応についての詳細は、「利根川流域の再生」研究会（中央学院大学社会システム研究所主催）における星野順一郎我孫子市長の講演[26]、我孫子市の『東北地方太平洋沖地震災害対策本部総括報告書』（平成23（2011）年8月11日）、我孫子市ホームページに掲載されている。

1）河北新報：平成23（2011）年3月12日、参照。
2）毎日新聞：平成23（2011）年12月30日、参照。
3）読売新聞：平成24（2012）年1月4日、参照。
4）読売新聞：平成24（2012）年1月4日、参照。
5）毎日新聞：平成23（2011）年12月30日、参照。
6）読売新聞：平成23（2011）年11月25日、参照。
7）東畑郁生他『地震と地盤の液状化』インデック出版、平成23（2011）年5月発行、P3～P4参照。
8）読売新聞：平成23（2011）年9月8日、参照。
9）http://www.city.abiko.chiba.jp/index.cfm/18,73887,11,710.html アクセス平成23（2011）

年 12 月 29 日。
10) 東畑郁生他『地震と地盤の液状化』インデック出版、平成 23（2011）年 5 月発行、P172。
11) http://www.pref.chiba.lg.jp/kouhou/h23touhoku/index.html アクセス平成 23（2011）年 12 月 26 日。
12) 読売新聞：平成 23（2011）年 9 月 11 日、参照。
13) 千葉日報：平成 23（2011）年 11 月 19 日、参照。
14) 『広報あびこ No.1299』：平成 23（2011）年 12 月 16 日。
15) http://www.city.abiko.chiba.jp/index.cfm/19,0,65,802,html アクセス平成 23（2011）年 12 月 29 日。
16) 我孫子市教育委員会史編さん室編集『我孫子市史研究5』我孫子市教育委員会発行、昭和 56 年、p129。
17) http://www.ajg.or.jp/disaster/files/201106_tone.pdf#search アクセス平成 23（2011）年 12 月 26 日。
18) http://www.yomiuri.co.jp/national/news/20110403-OYT1T00126.htm アクセス平成 23（2011）年 12 月 29 日。
19) http://mytown.asahi.com/areanews/chiba/TKY201103310487.html アクセス平成 23（2011）年 12 月 29 日。
20) http://www.city.abiko.chiba.jp/index.cfm/18,73887,11,710,html アクセス平成 23（2011）年 12 月 29 日。
21) 第 5 回「利根川流域の再生」研究会（中央学院大学社会システム研究所主催）星野順一郎我孫子市長による講演資料『東北地方太平洋沖地震による布佐東部地区の液状化被害と復旧・復興』我孫子市作成、平成 23（2011）年 12 月 10 日。
22) http://www.city.urayasu.chiba.jp/secure/25289/youbousho.pdf 参照、平成 23（2011）年 12 月 29 日。
23) 読売新聞：平成 23（2011）年 10 月 22 日。
24) http://www.city.itako.lg.jp/6301em_di/index01.html アクセス平成 23（2011）年 12 月 29 日。
25) http://www.city.itako.lg.jp/6301em_di/pdf/youbousyo.pdf#search アクセス平成 23（2011）年 12 月 29 日。
26) 講演、質疑応答の状況は、中央学院大学社会システム研究所紀要12巻2号 pp.11-30, 2012 年 3 月を参照されたい。

あとがき

　「水」は生命の源であるだけでなく、経済活動の基盤となる基本的資源である。とりわけ、利根川の水は関東地方1都5県を賄う重要な水資源であり、我が国の国民生活、社会経済活動の根幹を担う水源である。

　利根川は「坂東太郎」と呼ばれて親しまれ、古くから生活、灌漑用水としてはもとより、舟運にも利用されるなど、流域住民の生活と深くかかわってきた。また、江戸期の東遷事業や明治期から始まった治水事業にも大きく影響を受けており、関東地方の歴史、風景、心性、さらには社会のあり方と深く結びついている。

　川と地域社会、それぞれのあり方は、相互に依存、影響しあっており、利根川は首都圏の抱える課題を無言で映しつつ流れる川ともいえる。

　本書は、中央学院大学社会システム研究所基幹プロジェクト「利根川流域における地域再生」（研究期間：平成21（2009）年7月～平成26（2014）年3月）の研究成果として、プロジェクト構成員の佐藤、林の両名が「中央学院大学社会システム研究所紀要」に発表した小論をまとめたものである。

　とりまとめにあたっては、重複する箇所を中心に加筆、修正を加え、全体の統一を図った。小論の初出は次のとおりである。

（1）「利根川上流域における地域環境保全の取り組み状況と課題—群馬県を事例として」中央学院大学社会システム研究所紀要10巻2号pp.67-81、2010年3月

（2）「利根川源流のまち『みなかみ』における地域再生への取り組み—『水と森を育むエコタウンみなかみ』構想を中心に—」中央学院大学社会システム研究所紀要11巻2号pp.113-125、2011年3月

（3）「利根川流域の水郷『板倉町』における水場景観保全に向けた取り組み—谷田川流域を中心に—」中央学院大学社会システム研究所紀要12巻1号pp.57-

72、2011年12月
（4）「生活排水処理施設の整備促進に向けた水源県ぐんまの取組状況の分析―汚水処理人口普及率ステップアッププランを中心に―」中央学院大学社会システム研究所紀要12巻2号pp.145-160、2012年3月
（5）「東日本大震災による液状化被害―千葉県我孫子市布佐東部地区の液状化を中心として―」中央学院大学社会システム研究所紀要12巻2号pp.177-190、2012年3月
（6）「水源地域保全条例の構造とその分析―北海道、埼玉県、群馬県を中心に―」中央学院大学社会システム研究所紀要13巻1号pp.73-88、2012年10月
（7）「水源県ぐんまにおける小水力発電の現状と振興策の概況について―地域新エネルギービジョンを中心に」中央学院大学社会システム研究所紀要13巻2号pp.89-98、2013年3月
（8）「利根川流域圏における「森林・水源環境税」の運用状況とその課題―事業評価システムのあり方を中心に―」中央学院大学社会システム研究所紀要14巻1号pp.45-54、2013年12月

　本書のねらいは、「水循環系の健全化」の観点から、利根川という困難な課題に焦点をあて、特に、上流域の地方自治体における新たな対策の動向を把握することにあった。
　本書をまとめるきっかけは、前述の「利根川流域における地域再生」プロジェクトであった。研究を進めるにあたっては、「フィールドに出ていってズボンの尻を実際の調査で汚してみること」をモットーに、利根川上流ダム群、八ツ場ダム、板倉町の水場景観、カスリーン公園、関宿水閘門、利根川河口堰、銚子の利根川河口、さらには足尾銅山跡から渡瀬遊水地に至る渡良瀬川とその支流、荒川水系などのフィールドを観察し、地域の水環境の状況把握を行ってきた。
　また、この観察をもとに、利根川上流域の水環境対策をめぐる諸課題について、環境社会学（佐藤）、地方公務員（元群馬県職員）出身の地域政策研究者

（林）という、各人の専門領域から思考し、討議してきたが、プロジェクトをスタートして以来、既に5年が経過し、本書の発行をもって1つの節目を迎えた。

　各章の論述が当該問題・課題を正確にとらえているかどうか、ここまでお読みいただいた読者の方に対し、なにがしか裨益する点があったのか、はなはだ心もとないが、読者の厳しい御批判を期待したい。

　本書は、前著『水循環健全化対策の基礎研究―計画・評価・協働』（成文堂）に引き続き、佐藤、林による2冊目の共著となる。5年に及ぶ共同調査・研究がこうした2つの研究書として完成するところまでこぎつけられたのは、沢山の方々に明るく暖かく支えていただいたおかげであると感じている。

　今後も更なる考究、研鑽を積んでいく所存であるが、本書が、これまでいただいてきた優しい励ましや支援に幾分なりとも応えるものとなっていることを願いつつ、筆を置きたい。

　　平成27年2月

　　　　　　　　　　　　　　　　　　　　　　　　　　佐藤　　寛
　　　　　　　　　　　　　　　　　　　　　　　　　　林　　健一

参考文献・資料

[参考文献・資料]

秋山考臣「導入が進む『森林環境税』— 先行県における事例を中心に」調査と情報2004.11, pp.4-7

新保國弘『水の道・サシバの道―利根運河を考える』崙書房出版（2001）

礒野弥生・除本理史『地域と環境政策―環境再生と「持続的な社会」をめざして（勁草セレクション）』，勁草書房（2006）

伊藤信幸「森林環境税・水源税の現状と課題〜今後の森林保全システムの構築に向けて〜〈Version1〉」，JCSES ディスカッション ペーパー：地方公的資金シリーズ①（2005）

伊藤康「小水力発電の現状・意義と普及のための制度面での課題」，科学技術動向2012 年5・6月号（2012）pp.10-19

植田和弘「環境政策と行財政システム」寺西俊一・石弘光『環境保全と公共政策（岩波講座環境経済・政策学第4巻）』，岩波書店（2002）

氏家淳雄編著『群馬の水』，上毛新聞社（1986）

小田清『地域開発政策と持続的発展― 20世紀型地域開発からの転換を求めて』日本経済評論社（2000）

金井忠夫『利根川の歴史―源流から河口まで―』，日本図書刊行会（1999）

北原糸子編『日本災害史』吉川弘文館（2005）

國領二郎「地域情報化のプラットホーム」，丸田一・國領二郎・公文俊平『地域情報化認識と設計』，NTT 出版株式会社（2006）

小池重喜「利根川上流域の電力開発史」高崎経済大学附属産業研究所編『利根川上流地域の開発と産業―その変遷と課題』日本経済評論社（1991）pp.37-69

国土交通省土地・水資源局水資源部編『日本の水資源（平成22年度版）』海風社

五味禮夫監修『群馬の湖沼』，上毛新聞社（1980）

斎藤吐吉・山内秀夫監修『群馬の川』，上毛新聞社（1978）

清水徹朗「小水力発電の現状と普及の課題」，農林中金総合研究所，農林金融

2012.10月号 pp.2-634～20-652
全国小水力利用推進協議会『小水力発電がわかる本―しくみから導入まで』,オーム社（2012）
其田茂樹「地方分権一括法と法定外税・超過課税の活用―応益負担の観点から」,諸富 徹・沼尾波子編（2012）『水と森の財政学』日本経済評論社,（2012）pp.109-132
高井正「地方環境税の現状と課題―神奈川県の水源環境税を素材として―」,神奈川県総務部税務課「地方税源の充実と地方法人課税」（2007）第4章 pp.39-54
高崎経済大学附属産業研究所編『利根川上流域の開発と産業―その変遷と課題』,日本経済評論社（1991）
武田育郎『よくわかる水環境と水質』オーム社（2010）
東京財団「日本の水源林の危機―グローバル資本の参入から『森と水の循環を守るには』」（2009）
東京財団「グローバル化する国土資源（土地・緑・水）と土地制度の盲点―日本の水源林の危機Ⅱ」（2010）
東京財団「グローバル化時代にふさわしい土地制度の改革を―日本の水源林の危機Ⅲ」（2011）
東京財団「失われる国土―グローバル化時代にふさわしい『土地・水・森』の改革を」（2012）
中西準子『水の環境戦略』岩波書店（1994）
仲上健一「地域環境税の背景と動向―森林環境税と産業廃棄物税を中心として―」政策科学13－3号（2006）pp.133-146
沼尾波子「自治体の独自課税を通じた森林保全の財源調達とその課題―『かながわ水源環境保全税』の事例を中心に―」,経済科学研究所紀要第40号,（2010）pp.109-119
沼上 幹『経営組織（日経文庫）』,日本経済新聞社（2004）
西野寿章「利根川上流域におけるダムの立地展開と水源地」高崎経済大学附属産業研究所編『利根川上流地域の開発と産業―その変遷と課題』日本経済評論社（1991）pp.71-105
日本水環境学会『日本の水環境3 関東・甲信越編』,技報堂出版（2000）

日本水環境学会『日本の水環境行政（改訂版）』，ぎょうせい（2009）
林健一「政策評価情報の循環過程の確立に向けた一考察」中央学院大学社会システム研究所紀要10巻1号，pp.45-62（2009）
林宜嗣『分権型地域再生のすすめ』有斐閣（2009）
畠山武道『自然保護法講義（第2版）』，北海道大学出版会（2006）
平野秀樹・安田喜憲『奪われる日本の資源―外資が日本の水資源を狙っている』新潮社（2010年）
藤田香「日本における森林・水源環境税の経験と課題―流域ガバナンスと費用負担の視点から―」大塚健司編『中国の水汚染問題 解決に向けた流域ガバナンスの構築―太湖流域におけるコミュニティ円卓会議の実験』調査研究報告書，アジア経済研究所（2009）
本間義人『地域再生の条件』岩波新書1059（2007）
松下和夫『環境ガバナンス論』，京都大学学術出版会（2007）
水谷正一「ダムと水価」山崎不二夫編著『明日の利根川―ゆたかな清流への提言』農山漁村文化協会（1986）
宮川公男・山本清『パブリック・ガバナンス―改革と戦略（NIRA チャレンジ・ブックス）』，日本経済評論社（2002）
三好皓一編『評価論を学ぶ人のために』世界思想社（2008）
水の安全保障戦略機構『ニッポンの水戦略』，東洋経済新報社（2011）
みやま文庫『利根と上州』，みやま文庫2・3（1969）
諸富徹・沼尾波子編『水と森の財政学』日本経済評論社（2012）
山崎不二夫編著『明日の利根川―ゆたかな清流への提言』，農山漁村文化協会（1986）
山田安彦・白鳥孝治・立本英機編『印旛沼・手賀沼―環境への提言』古今書房（1993）

行政資料（国・都道府県）

茨城県「茨城県の自然環境を保全するための新たな税制に関する報告書（茨城県自主財源充実研究会）」（2007a）
茨城県「平成19年第4回定例会総務企画委員会・商工委員会・農林水産委員会連

合審査会説明資料（平成19年12月12日茨城県総務部・生活環境部・農林水産部）」（2007b）

茨城県「森林湖沼環境税の今後のあり方に関する報告書（茨城県自主財源充実研究会）」（2012a）

茨城県「平成24年第4回定例会総務企画委員会・防災環境商工委員会・農林水産委員会連合審査会説明資料（平成24年12月13日茨城県総務部・生活環境部・農林水産部）」（2012b）

茨城県「平成24年度森林環境税活用事業の実績について（茨城県環境対策課）」（2013）

神奈川県『参加型税制かながわの挑戦―分権時代の環境と税』第一法規（2003）

環境省「単独処理浄化槽から合併処理浄化槽へ」（不明）

行政刷新会議「規制・制度改革に関する分科会報告書（エネルギー）」（2012）

群馬県「邑楽館林圏域河川整備計画」（2004）

群馬県『現代群馬県政史第5巻（自平成 三年七月～至平成十四年三月）』，群馬県総務部総務課（2005）

群馬県「利根川流域別下水道総合計画書」（2005）

群馬県『群馬県環境基本計画2006-2015』，群馬県環境森林部環境政策課（2006）

群馬県『群馬県職員録』，群馬県総務部人事課（2009a）

群馬県『環境白書（平成21年度版）』，群馬県環境森林部環境政策課（2009b）

群馬県「群馬県汚水処理計画（ぐんま、水よみがえれ構想）」（2008）

群馬県「はばたけ群馬・県土整備プラン（2008-2017）」（2008）

群馬県「群馬県地域新エネルギー詳細ビジョン」（2008）

群馬県「群馬県市町村要覧（平成22年度版）」（2010）

群馬県平成23年版環境白書（2011）

群馬県「森林環境税制に関する有識者会議報告書（森林環境税制に関する有識者会議）」（2012）

群馬県「平成24年5月定例議会議案」（2012）

群馬県『ガイドマップ「上毛かるた」ゆかりの地文化めぐり』（2012a）

群馬県「環境白書（平成24年版）」（2012b）

栃木県「平成23年度とちぎの元気な森づくり県民税事業評価報告書（とちぎの元

気な森づくり県民税事業評価委員会)」(2012)
全国浄化槽団体連合会「今後取り組むべき浄化槽整備事業にかかわる4つの重要課題」(2010)
北海道庁「北海道水資源の保全に関する条例逐条解説」(2012)
文化庁「魅力ある風景を未来へ——文化的景観の保護制度」(不明)

行政資料(市町村)

我孫子市史料編纂委員会編『我孫子市史近現代編』我孫子市,(2004)
我孫子市史料編纂委員会編『我孫子市史近世編』我孫子市,(2005)
我孫子市役所布佐東部地区復興対策室発行『復興通信』第1号(平成23年10月18日)
我孫子市役所布佐東部地区復興対策室発行『復興通信』第2号(平成23年11月15日)
我孫子市役所布佐東部地区復興対策室発行『復興通信』第3号(平成23年12月6日)
我孫子市役所布佐東部地区復興対策室発行『復興通信』第4号(平成24年1月6日)
板倉町「水場の文化的景観保存調査報告書」(板倉町教育委員会)(2008)
板倉町「板倉町風景計画」(2010a)
板倉町「板倉町の洪水に関する住民意識調査(基礎調査結果)」(2010b)
板倉町「利根川・渡良瀬川合流域に形成された水場景観保存計画」(板倉町教育委員会)(2011)
板倉町「広報いたくら(2011年8月号)」(2011)
桐生市「桐生市地域新エネルギービジョン」(2008)
藤岡市「藤岡市地域新エネルギービジョン」(2008)
みなかみ町「行財政改革行動指針——みなかみまちの将来を見据えて」(平成19年11月発行)
みなかみ町「第1次みなかみまち総合計画」(平成20年3月発行)
みなかみ町「水と森を育むエコタウンみなかみ——ふるさとの資源を活かした地域振興構想」(平成20年3月発行)
みなかみ町「予算と財政のあらまし(平成21年度版)」(平成20年10月発行)

【著者紹介】

佐藤　寛（さとう　ひろし）
1953年生まれ
現　在：中央学院大学社会システム研究所教授
国際学博士（横浜市立大学）
中央学院大学卒業
電気通信大学大学院情報システム研究科修士課程修了
横浜市立大学大学院国際文化研究科博士課程修了
主　著：『川と地域再生―利根川と最上川流域の町の再生』（共著）丸善プラネット（2007）、『水循環健全化対策の基礎研究―計画・評価・協働』（共著）成文堂（2014）その他論文多数

林　健一（はやし　けんいち）
1967年生まれ
現　在：中央学院大学社会システム研究所准教授
地域政策学博士（高崎経済大学）
中央学院大学卒業
高崎経済大学大学院地域政策研究科修士課程修了
高崎経済大学大学院地域政策研究科博士後期課程修了
主　著：「政策評価情報の参加型形成手法に関する研究―アカウンタビリティの確立と意思決定の支援―」（学位取得論文）、『水循環健全化対策の基礎研究―計画・評価・協働』（共著）成文堂（2014）その他論文多数

水循環保全再生政策の動向
―利根川流域圏内における研究―

2015年2月25日　　初　版第1刷発行

編　集　中央学院大学
　　　　社会システム研究所

発行者　阿　部　耕　一

〒162-0041　東京都新宿区早稲田鶴巻町514
発行所　株式会社　成　文　堂
電話 03（3203）9201（代）　FAX 03（3203）9206
http://www.seibundho.co.jp

製版・印刷・製本　シナノ印刷　　　　　　　　　　検印省略

©2015　中央学院大学社会システム研究所　printed in Japan
☆乱丁・落丁本はおとりかえいたします☆
ISBN978-4-7923-8075-5　C3036
定価（本体3100円＋税）